풍류의 류경,
공원의 평양

풍류의 류경,
공원의 평양

1판 1쇄 인쇄 | 2018년 12월 5일
1판 1쇄 발행 | 2018년 12월 15일

지은이 이선

펴낸이 송영만
디자인자문 최웅림

펴낸곳 효형출판
출판등록 1994년 9월 16일 제406-2003-031호

주소 10881 경기도 파주시 회동길 125-11
전자우편 info@hyohyung.co.kr
홈페이지 www.hyohyung.co.kr
전화 031 955 7600 | **팩스** 031 955 7610

ISBN 978-89-5872-163-5 93520

값 17,000원

이 도서의 국립중앙도서관 출판예정도서목록(CIP)은 서지정보유통지원시스템
홈페이지(http://seoji.nl.go.kr)와 국가자료공동목록시스템(http://www.nl.go.kr/kolisnet)에서
이용하실 수 있습니다.(CIP제어번호: CIP2018038532)

풍류의 류경, 공원의 평양

이선 지음

효형출판

글을 시작하며

올봄에는 꽃들이 평소보다 일찍 피었다. 대개 시차를 두고 하나씩 피던 꽃들이 어느 순간 한꺼번에 피어났다. 매화, 산수유가 고개를 내밀기 시작하더니, 곧이어 목련, 진달래, 복숭아 등이 거의 동시에 꽃망울을 터트렸다. 꽃을 피우기 위해서는 따스한 햇볕과 살랑이는 바람, 그리고 촉촉한 봄비 등이 서로 제 역할을 할 때만 가능하다. 이번 봄에는 여러 조건이 충족되었는지 많은 꽃이 연달아 피어나 꽃잔치를 벌였다. 일찍 찾아온 다채로운 봄꽃 소식에 한동안 들떠 있었다.

남북 화해의 무대는 예상보다 빨리, 그리고 불현듯 찾아왔다. 서로 마음의 준비도 하지 못한 채, 갑작스럽게 우리 앞에 성큼 다가왔다. 예상치 못했던 만남일지라도 그 자체로서 의미 있는 일임은 틀림없다. 한 식탁에 마주 앉아 서로의 음식을 나눠 먹으며 맺은 친교도 보기 좋았지만, 봄기운이 막 깃들기 시작한 숲속의 벤치에 마주 앉아 바람소리, 새소리 들으며 서로의 마음을 털어놓는 장면은 오래도록 기억할 만한 하나의 그림이었다.

겨우 두 시간이면 도달할 수 있는 거리에 서울과 평양이라는 두 도시가 자리 잡고 있다. 바다 건너 멀리 떨어져 있는 다른 나라들보다도 훨씬 멀어진 남북 간의 심리적 거리는 쉽게 가까워지지 못했다. 평양은 마치 이념에 갇힌 도시처럼 느껴진다. 평양이라는 이름을 대할 때마다 여러 감정이 뒤섞여 복잡하다. 냉소적으로 되다가도 어딘지 모르게 짠하기도 하고, 때로는 가슴 한구석이 먹먹하다가도 불현듯 궁금해지기도 하니, 참으로 묘한 감정이 아닐 수 없다.

평양은 '사회주의 국가의 수도'로서의 면모를 갖추기 위해 많은 투자를 했기 때문에 북한에서 가장 현대화된 도시이다. 그 외의 도시들은 여러 상황이 평양보다 훨씬 열악하다. 김정은 집권 이후 최근 10여 년간 건설 작업에 박차를 가해 평양의 일부 지역에는 고층 빌딩들이 많이 들어서게 되었다. 그러나 평양의 대로변에 세워진 대규모의 고층 아파트에는 입주민의 모습뿐 아니라 난간에 널린 빨래 한 조각, 꽃바구니 하나를 쉽게 찾아볼 수 없다. 엄청난 규모의 아파트에서도 사람 냄새가 나지 않는 듯하다.

하지만 공원과 유원지는 다른 분위기이다. 특정 시민들이 주로 거주하는 중심 도로변의 고층 아파트와는 달리 공원과 유원지는 누구나 자유롭게 이용할 수 있고 즐길 수 있는 장소이기 때문에 사계절 내내 북적인다. 주말에는 수많은 사람이 공원과 유원지에 모여 여가를 즐긴다. 최근에는 공원과 유원지에 새로운 놀이 및 운동시설이 들어서면서 평양 시민들의 여가 활동에 중요한 역할을 하고 있다. 평양에서 시민들을 가장 많이 만날 수 있는 곳이 바로 공원과 유원지일 것이다.

그동안 우리는 북한의 3대 세습에 넌더리를 내고, 북한의 체제와 이념에만 붙잡혀 정작 평양이라는 물리적 공간에는 관심이 없었다. 북녘에 있는 우리의 동포와 형제 들이 먹고 일하며, 쉬고 잠드는 도시의 모습에는 무관심하였다. 이 책에서는 '평화와 화해'라는 거대 담론을 이야기하지 않는다. 다만 이념과 체제가 아닌, 다른 측면에서도 평양을 조명해보려는 것이다. 통제와 구속이 많은 평양 시민에게 공원은 일종의 오아시스 역할을 하는 셈이다. 평양 시민들이 여가를 보내는 장소인 공원을 통해 그들은 어찌 살아왔는가, 그리고 어떻게 지내고 있는가를 살펴보고자 한다. 소시민들에게는 일상의 삶이 이념보다 더 중요하기 때문이다.

통제된 생활 속에서도 평양 시민들이 가장 즐겁고 자유로운 여가를 즐길 수 있는 곳이 바로 공원일 것이다. 가족과 연인끼리 속내를 터놓고 이야기하고, 음식을 나누면서 자연 풍광을 감상할 수 있는 공원은 평양 시민들의 유일한 숨구멍일지도 모른다. 소위 여가 생활의 주요 장소인 공원을 통해 북한 주민들의 실상을 파악해 보자는 생각에서 출발하여 평양의 역사까지도 살펴보게 되었다. 이 책은 그렇게 시작되었다.

오래전 독일 유학 시절에 북한의 생태 분야 관련 논문을 처음 접했던 순간, 놀랍고도 반가웠다. 귀국 후에도 북한의 자연유산에 관해 늘 관심을 가지고 지켜보았다. 강의 시간에도 학생들에게 북한의 자연유산이나 문화유산뿐 아니라 기술공학 분야에도 관심을 기울여보라고 자주 강조하였다. 그러다 우연한 기회에 북한의 자연유산에 관한 글을 쓰게 되었고, 자료를 찾아보면서 관심은 북한 주민의 생활로 넓혀져 갔다. 특히 주민들의 삶과 밀접한 도시의 공원은 북한의 생활상을 엿볼 수 있는 중요한 지표가 될 수 있다는 생각이 떠올랐다.

그러나 북한의 공원에 관한 자료를 찾는 일은 쉽지 않았다. 공원을 대상으로 한 단행본이 거의 없는 실정이다보니 건축이나 도시 건설, 원림 등과 같은 관련 정보들을 퍼즐 맞추듯이 조합해 나가는 수밖에 없었다. 수년 동안 공원에 관련된 책자는 물론, 화보나 팸플릿, 우표와 일제강점기 자료들을 수집하였다. 다행히 국립중앙도서관에서는 북한의《로동신문》뿐 아니라 각종 잡지와 화보, 심지어 김일성대학의 논문집까지 열람할 수 있어 다양한 관련 정보를 얻을 수 있었다. 그 중《로동신문》과《조선건축》이라는 잡지는 집필에 많은 도움이 되었다.

이 책의 부록에 소개한 북한의 〈공원, 유원지관리법〉과 〈원림법〉은 우리가 쉽게 접할 수 없는 내용이자 북한의 법체계와 공원에 대한 관심을 살펴볼 수 있는 대목이기 때문에 독자들께 숙독을 부탁드린다.

자료를 찾기 위해 하루에도 몇 번씩 평양의 위성사진을 살펴보며 평양의 여러 정보로 머릿속이 꽉 찼을 때는 한동안 평양과 서울 시내가 중첩되어 헷갈리기도 하였다. 지하철을 타고 한강을 건널 때면 불현듯 이 강이 대동강이 아닐까 하는 황당한 상상도 하곤 했다.

책이 출간되기까지는 우여곡절도 있었다. 이 책의 초고는 2015년 봄에 완성되었는데, 그후 전국을 떠들썩하게 했던 컴퓨터 바이러스에 원고가 감염되어 폐기 처분해야 할 지경이었다. 다행히 그 이전에 거칠게 집필한 원고가 다른 곳에 남아 있었지만, 한동안 꺼내 읽지도 않았다. 그러다가 작년 초에 초고를 복기하며 기사회생할 수 있었다. 이제 책의 꼴을 다시 갖추게 되어 세상이 나오게 되니, 책에도 제각각의 운명이 있는 모양이다.

평양에 관련된 책이라도 공원을 중심으로 살펴본 책은 그리 많지 않으리라고 생각한다. 언젠가 평양을 자유롭게 오갈 수 있거나 통일이 되면 평양이라는 도시에 관심이 집중되고 몇몇 공원과 유원지는 주변의 풍광과 어울려 새롭게 조명될 것이다. 부벽루나 을밀대에 올라 유유히 흐르는 대동강과 함께 멀리 동평양을 바라보면서 과거 풍류의 도시였던 평양의 정경을 되새겨볼 수 있었으면 좋겠다. 대동강변을 거닐다가 옥류관의 평양냉면을 맛보고 대동문 앞에서 나룻배를 타고 청류벽까지 돌아보는 '선유(船遊) 놀이'도 좋을 터다. 평양 시내를 걸으면서 예전을 회상할 수 있는 날이 언젠가 오리라고 기대해 본다.

원고에 많은 관심을 가져주신 효형출판의 송영만 대표와 편집부 여러분께도 감사드린다. 내 삶의 중요한 원동력이 되어 준 김문호, 김진선, 박상옥, 이병진, 그리고 조병연에게 이 책을 올린다.

2018년 늦가을
담소헌(淡素軒)에서
이 선

목차

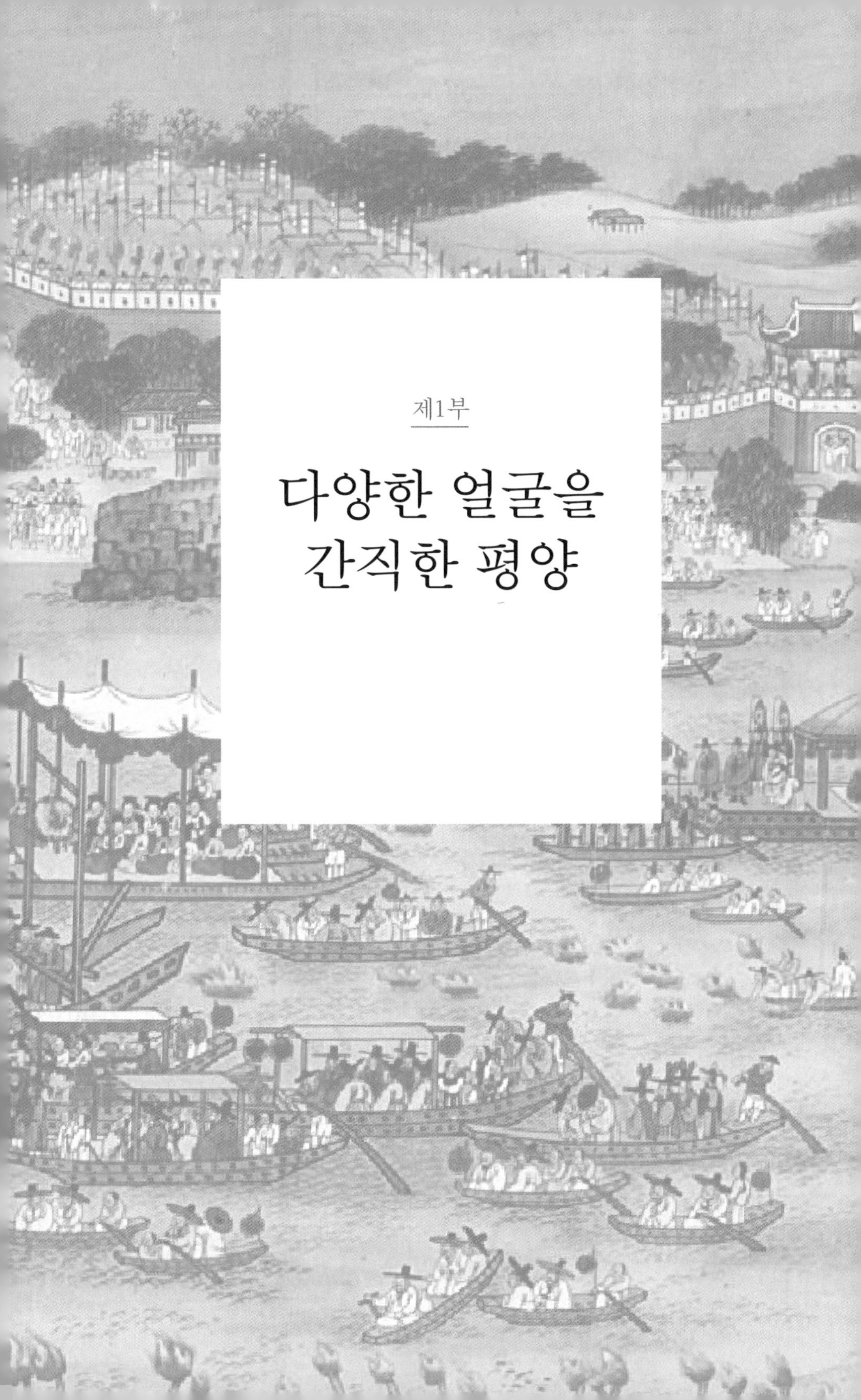

제1부

다양한 얼굴을 간직한 평양

일러두기

1. 그림 · 조각 · 공연 · 프로젝트 · 영화 · 방송 프로그램 · 법 조항 · 잡지 및 신문 기사 · 세부 작품명은 〈〉로, 논문명은 「」로, 도서명은 『』로, 신문 · 잡지 · 전체 작품명은 《》로 표기했습니다.
2. 현대 북한 지명과 건물명의 표기 및 띄어쓰기는 북한식 맞춤법을 따랐습니다.
   (예: 릉라인민유원지, 려명거리, 락랑구역 등)
3. 북한에 서식하거나 식재된 식물명은 북한식 표기법을 따랐습니다.
   (예: 이깔나무, 뽀뿌라나무 등)
4. 북한 자료의 인용 시, 표기 및 띄어쓰기는 원문을 따랐습니다.

평양의 재조명

'평양' 하면 무엇부터 떠오를까? 우선 '핵무기', '김정은', '군사 퍼레이드', 아니면 '김일성과 김정일', '불량 국가' 등이 떠오르기 쉽다. 대부분 부정적인 이미지이다. TV에 비친 북한의 실상은 체제와 이념에 관한 것들이 중심이었다. 핵 개발, 주체사상, 우상화, 삼대 세습 같은 용어가 북한의 실상을 대변하는 표현으로 자리 잡은 지 오래다.

어느 한 도시를 기억할 때 그 도시의 역사와 문화, 도시의 풍경과 오래된 건축물, 또는 그 도시의 음식과 사람들을 떠올리는 게 일반적이다. 그러나 전쟁이라는 뼈아픈 과거를 지닌 우리에게 평양이라는 도시의 이미지는 이념에 가려져 있다. 우리와는 다른 체제와 이념으로 서로 반목한 지 70년이다. 오래도록 서로 다른 시간을 살다보니 그 시간의 간극을 메우기가 쉽지 않다.

수년 전 중국의 칭다오(青島) 시민을 대상으로, 베이징(北京), 도쿄(東京), 서울, 평양 등 네 도시의 관광이미지를 비교·분석한 논문이 발표되었다.[1] 논문에 따르면, 평양은 다른 세 도시에 비해 인지적 이미지와 정서적 이미지가 대부분 떨어지는 것으로 평가되었다. 이 논

1 남려영, 「북경 서울 도쿄 평양 관광이미지 비교분석 연구-중국 칭다오 시민을 대상으로」, 동국대학교 석사학위 논문, 2012. 저자는 논문에서 인지적 이미지 구성 요인으로 관광매력적 요인, 환경적 요인, 접근성 요인, 문화적 요인, 상징적 요인 등을 비교했으며, 정서적 이미지 구성 요인으로 역동성, 전통성, 독특성, 쾌적성 등을 비교하였다.

문은 중국 시민을 대상으로 조사한 결과였기 때문에 평양에 대한 비교적 객관적인 평가라 할 수 있다. 논문의 결과가 평양의 현재 이미지에 대한 절대적이고 최종적인 평가라고 단언할 수는 없지만 시사하는 바가 크다. 한때 평양을 '천하제일강산(天下第一江山)'이라 했던 중국인들의 평이 무색하다. 오랫동안 고립을 자초하여 살아온 그들은 도시의 모습도 바꿔놓았다. 소프트웨어가 바뀌니 하드웨어도 바뀐 셈이다.

평양이라는 도시에 켜켜이 쌓인 역사와 문화의 층위는 매우 두텁다. 평양이라는 물리적 공간에 역사와 문화가 중첩되면서 도시의 성격과 품위도 바뀌었다. 때로는 한 나라의 도읍지로 번성했으며, 물산이 풍부한 상업 도시로도 유명하였다. 또 명승고적이 많고 풍류 넘치는 도시로서 누구나 한 번쯤은 유람하고 싶은 곳이기도 했다. 근래에는 우리와 체제와 이념이 달라 끊임없이 부딪혔으나, 한편 누군가에게는 꿈에 그리는, 그리운 고향땅이기도 하다. 우리는 평양냉면을 먹으면서 그들을 비판하고, 평양온반을 먹으면서 안타까워한다. 복잡하고 미묘한 감정이 뒤섞여 때로는 혼란스럽다.

다행히 최근 남북정상회담과 북미정상회담으로 많은 것이 바뀌고 있다. 앞으로는 우리가 예상치 못한 여러 일들이 주변에서 일어날 것이다. 남북간의 교류는 물론이고, 주변국뿐 아니라 어쩌면 전세계의 판세를 뒤흔드는 지각변동이 일어날 수도 있을 것이다. 남북 관계와 주변국들의 국제 정세가 급변하면서 평양에 다시 시선이 쏠리고 있지만 이념적인 색안경을 쓰고 보기는 과거와 크게 다르지 않다. 그 이념적 색깔을 걷어낸다면, 평양의 새로운 면모를 찾아낼 수도 있을 것이다. 평양이라는 도시에 중첩된 여러 층위를 한 꺼풀씩 벗겨내면서 평양을, 그리고 북한을 다시 한 번 생각해 볼 때가 왔다.

고대 역사·문화의 중심

평양, 유구한 역사의 시작

'평평한 땅', 또는 '벌판의 땅'이라는 의미를 가진 평양(平壤)은 4,000년 넘는 오랜 역사를 가진 도시로, 넓고 기름진 들판이 많아 예부터 사람이 살기 좋은 곳이었다. 단군왕검이 고조선을 창건하고 도읍을 정한 곳도 평양이라는 주장이 사학계의 주류이다.

그 후 위만조선을 굴복시킨 한나라는 한사군(漢四郡)의 하나인 낙랑군(樂浪郡)을 평양에 설치하였으나, 고구려의 미천왕(美川王, ?~331)이 남쪽으로 영토를 확장하면서 낙랑군을 멸망시키고 평양을 고구려에 영속시켰다. 광활한 영토를 차지했던 고구려의 장수왕(長壽王, 394~491)은 427년에 수도를 국내성(國內城)에서 평양으로 천도하였다. 처음에는 대성산성과 안학궁 등지에 자리를 잡았다가 후에 대동강(大同江)과 보통강(普通江) 사이에 평양성을 축조하고 도읍을 이전하게 되었다.

평양은 그 후 보장왕(寶臧王, ?~682) 27년인 서기 668년 나·당 연합군에 의해 고구려가 멸망할 때까지 약 240여 년간 고구려의 수도로서 정치·경제·문화·군사 중심지로 번성하였다. 그 결과 평양에는 고구려의 문화유적이 많이 남아 있다.

조선 후기의 학자 홍경모(洪敬謨, 1774~1851)는 평양이 도읍지

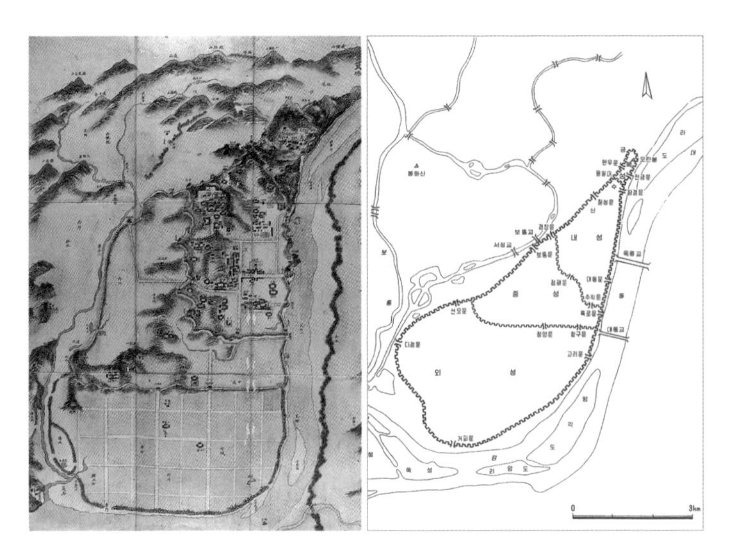

평양성은 6세기 후반 고구려 도성으로 건설되었는데, 대동강과 보통강을 해자로 이용하고 그 안에 외성(外城), 중성(中城), 내성(內城), 북성(北城) 등 네 개의 성을 축조하고 도성으로 삼았다. 동북쪽의 북성은 폭이 좁고, 그 아래 남쪽으로 내성, 중성, 외성 등이 넓어져 전체적으로는 주머니 형태를 띠고 있다.

로 정해진 데에는 지리적 여건이 중요했다고 역설하였다.[2] 그는 「서경형승기西京形勝記」에서 평양의 지리적 여건과 중요성에 대하여 다음과 같이 설명하고 있다.

> 관서(關西) 한 지역은 조선(朝鮮) 전 국면에 있어 토중(土中)이 된다. 물은 맑고 산은 빼어나며 풍기(風氣)가 함축되어 있다. …… 조선이 관서를 소유함은 중국이 하남(河南)을 소유한 것과 같고 중국이 하남을 소유한 것은 몸이 배와 심장을 소유한 것과 같다. …… 관서가 평양을 소유한 것은 구역(九域)[3]에서 인후부와 같고

2 이군선, 「洪敬謨가 본 古都 平壤과 그 遺蹟」, 《동양한문학연구》, 39권 39호, 2014.

3 중국의 전체 영토.

동하(東夏)[4]에서 관문과 같으며, 용이 서려 있고 호랑이가 엎드린 형세로 물과 육지가 모두 모이는 곳이니 곧 변경(汴京)[5]의 형승과 같다. 큰 강이 그 남쪽을 지나가고 높은 산이 그 뒤에 솟아 서북을 통제하여 관령의 요새가 되니 낙양과 같은 곳이다. 이 때문에 왕자가 번갈아 거처하며 건국할 때에는 반드시 평양에 있었던 것이다(「서경형승기」, 『관암존고』 제2권[6]).

홍경모는 평양을 조선 영토의 중심이자 관문으로 보았다. 또 경제와 문화가 가장 발달하고 번화했던 중국의 허난처럼 지리적 조건이 빼어났기 때문에 고대의 왕들이 평양을 도읍으로 정한 것이라고 설명한다.

고구려가 멸망한 후 평양은 통일신라의 서북 변방 가운데 하나였다가 고려가 건국된 이후 태조 왕건이 도읍을 개경(開京, 지금의 개성開城)으로 정했지만, 북진정책의 일환으로 서경(西京, 지금의 평양)으로 천도를 계획하기도 하였다. 고려 건국 초기에는 평양에 대도호부[7]를 두었으나 후에 서경으로 개편해 그 위상을 높였으며 고려 말기인 14세기에는 서경을 평양부(平壤府)로 삼았다. 평양은 고려시대 내내 제2의 수도로서 매우 중요한 역할을 했던 것이다.

조선 초기에 전국의 행정구역 체계를 정비할 때에는 유일한 부(府)로서 평안도에 속했다. 세조 때에는 백성들을 북쪽으로 이주시키는 사민정책(徙民政策)으로 인구가 증가하였으나 임진왜란과 병자호

4 '동방(東方)의 중하(中夏)'라는 뜻으로 우리나라를 가리키는 말.
5 중국 허난성(河南省)의 도시 카이펑(开封)의 옛 이름.
6 이군선, 앞의 논문.
7 고려·조선 시대 지방 행정 기구의 하나로 군사적인 요충지에 설치했으나, 점차 일반 행정 기구로 그 성격이 바뀌어갔다.

1906년 헤르만 산더(Hermann Sander)가 촬영한 평양성의 모습. 대동강변의 대동문(왼쪽)과 을밀대(오른쪽)와 연결된 평양성 성벽.

란을 거치면서 평양은 많은 피해를 입었다. 계속된 외침으로 황폐해진 평양을 재건하기 위해 영조는 1733년(영조 9년)에 평양성과 도시의 일부를 다시 쌓도록 하였다.

현재 북한의 국보 제1호인 평양성은 일제강점기까지만 해도 그 흔적이 많이 남아 있었다. 대동강과 보통강이 해자 역할을 하며 북쪽으로는 산을 끼고 있는 평양성은 외곽의 길이가 약 16km에 달했다. 평양성은 외성, 중성, 내성, 북성으로 나뉘어 있는데, 외성에는 평민들이, 중성에는 관료들이, 내성에는 임금이 거주하였다.

내성에 있는 대동문은 동문(東門)으로 대동강을 마주하고 있으며, 평양성의 정문 역할을 한다. 조선 중기에 다시 세워진 지금의 대동문은 역사적으로나 지리적으로나 서울의 숭례문과 흡사하다. 외부에서 평양에 입성할 때 반드시 거치는 중요한 문이었다. 조선시대에는 서울을 출발한 연행(燕行)[8] 사절단이 평양에서 마중 나온 관료들의 안내를 받아 십리장림(十里長林)이 펼쳐진 대동강 서편 나루에 도착한 후 관선(官船)을 타고 강을 건너 대동문으로 입성하였다. 평양감사의

8 사신이 중국의 베이징에 가던 일. 또는 그 일행.

(위) 일제강점기 대동문의 모습(왼쪽)과 현재의 대동문(오른쪽).
(아래) 작자 미상의 〈기성도병〉(1812) 부분. 배를 타고 대동강을 건너 대동문으로 입성하는 평양감사 일행. 대동문 오른쪽이 연광정이다. 서울역사박물관 소장.

부임식도 같은 경로로 거행되었다.

조선 후기 평양은 풍부한 물산과 경승지(景勝地)[9]로 서북지역의 중심지로 거듭나게 되었으며, 청나라와의 무역도 증가하여 도시가 번성하였다. 이어 평양은 1896년 전국을 13도(道)로 분할함에 따라 평안남도 도청 소재지가 되었다.

1906년 일본이 군용 철도를 목적으로 평양의 외성에 경의선 철도를 건설하면서 외성의 격자형 이방(里坊)[10]이 파괴되었다. 이후 평양 시내에 대규모 일본군 시설들이 들어서고 성읍을 관통하는 직선 도로가 개통되면서 성곽은 훼손되었다. 1913년 조선총독부로 평양을 부(府)로 지정하면서, 일제강점기 평양은 일본의 대륙 침략 전초기지이

9 경치가 좋은 곳.

10 바둑판식 도시 구획을 의미하는 용어로, 평양 외성의 이방은 4개의 이방이 한 단위를 이루면서 '田(밭 전)'자 모양으로 배치되었다. 田자 모양의 이방 제도는 각각 신라와 백제의 수도였던 서라벌(지금의 경주)과 사비성(지금의 부여)에서도 나타난다.

자 식민 물산의 집결지 역할을 하였다. 그로 인해 수많은 유적들이 훼손되었고, 그 대신 군사 및 산업시설 들이 대거 들어서면서 일본의 중국 진출을 위한 발판이 되었다.

평양의 주요 문화유적

평양성

6세기 후반에 축조된 평양성(平壤城)은 외부 성곽 둘레가 약 16km이다.[11] 서울 한양도성의 길이가 약 18km이니 거의 비슷하지만, 한양도성보다 지어진 시기가 약 9세기나 앞선 것을 감안하면 규모가 큰 성이라 할 수 있다.

평양성 안의 넓이는 대략 11.9km²이고, 대동강과 보통강이 자연적인 해자 역할을 한다. 평양성은 현재 평양 중구역 일대로 만수대를 중심으로 한 내성, 모란봉을 둘러싼 북성, 내성의 남쪽인 중성, 중성 남쪽 넓은 벌판의 외성 등 네 개의 성으로 이루어져 있었다.

내성은 주요 관청과 궁성이 위치해 있었고, 중성에는 고급 관료의 주거지가 있었으며, 외성은 이방이라 불리는 田자형(또는 격자형) 시가 구조로 일반 백성의 주거지로 이용되었다. 북성은 외부의 침입으로부터 궁성을 보호하는 역할을 하였다. 각 성의 넓이는 내성이 약 1.3km²이고, 중성은 3km², 외성은 7.3km², 북성은 0.3km²이다. 내성, 북성, 중성은 석성(石城)이고 외성은 토성(土城)이다. 평양성은

11 평양성은 내성, 중성, 외성, 북성으로 나뉘어져 있어, 이 부분성들의 성벽까지 합치면 성벽의 총연장 길이는 약 23km이다.

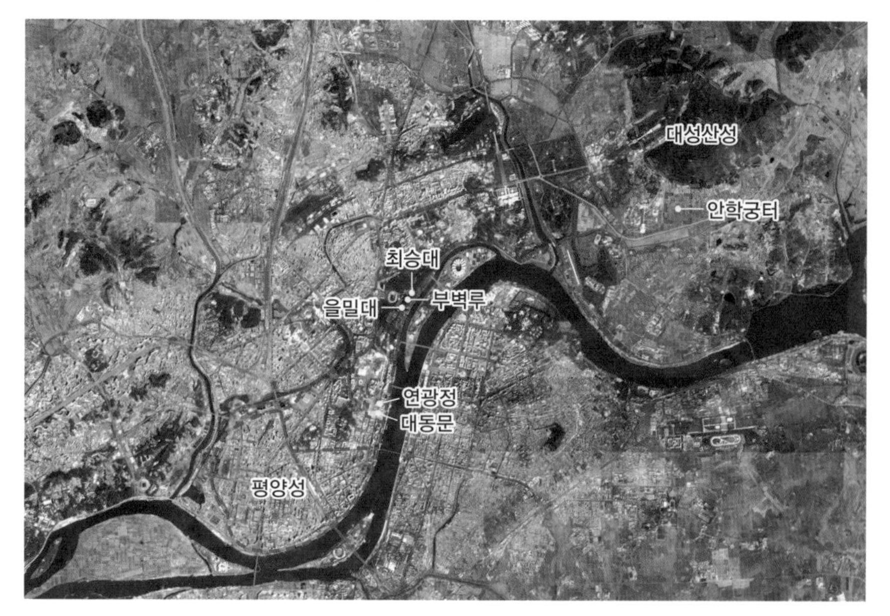

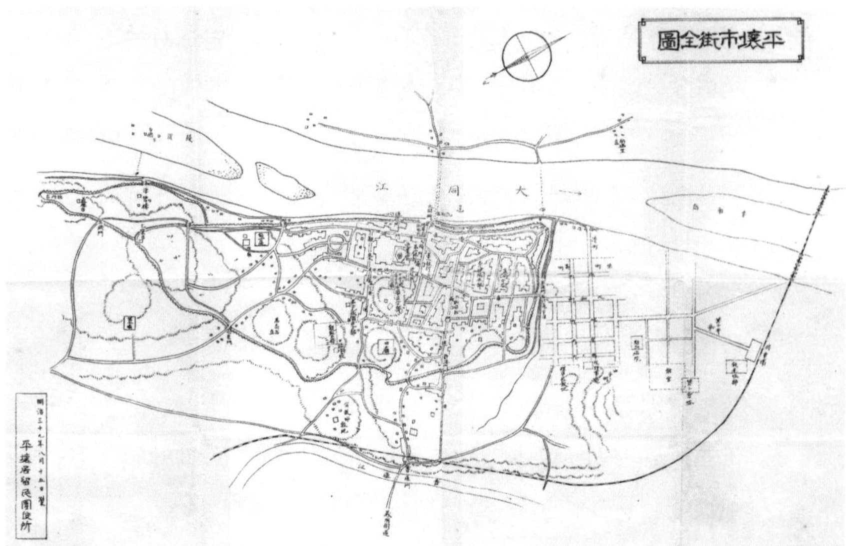

(위) 평양의 주요 문화유적 위치.
(아래) 1900년대 초 평양 시내의 도시 구획을 살펴볼 수 있는 일제강점기 〈평양시가전도〉(1906). 평양성 중 내성의 성곽이 그대로 묘사된 것과 외성의 격자형 시가지가 그대로 남아 있는 것이 흥미롭다. 이 지도가 제작된 1906년에는 평양을 가로지르는 경의선도 개통되어 철도 표시가 선명하다. 저자 소장.

1900년대 초까지만 해도 대부분 보존되었으나, 현재는 극히 일부 지역에만 남아 있다. 북한의 국보 제1호로 지정되어 있다.

대동문

대동문(大同門)은 고구려 평양성 내성의 동문(東門)으로 원래 6세기경에 세워진 후 소실되었던 것을 1635년(인조 13년)에 다시 세우고 1950년대 후반에 보수하여 지금에 이른다. 대동문은 중앙에 홍예문(虹霓門)[12]을 갖춘 석축 위에 정면 세 칸, 측면 세 칸의 중층 팔작지붕 누각으로 세워졌다.

대동문에는 현판이 위에서 아래로 세 개가 있는데, 문루 2층에는 평양감사 박엽(朴燁, 1570~1623)의 해서체 현판이, 1층에는 명필 양사언(楊士彦, 1517~1584)의 초서체 현판이, 그리고 홍예문에는 음각으로 새겨진 머릿돌 현판이 있다. 대동문은 대동강변에 있어서 붙인 이름으로, 평양성의 가장 중요한 성문이다. 현재 북한의 국보 제4호로 지정되어 있다.

대성산성

평양시 북동쪽 대성구역의 대성산(해발 270m)에 있는 대성산성(大聖山城)은 고구려시대 산성으로 북한 국보 문화유물 제8호로 지정되어 있다.

4세기 말~5세기 초에 평양지역의 방위를 목적으로 지어진 대성산성은 을지봉, 소문봉, 장수봉, 북장대, 국사봉, 주작봉 등 여섯 개의 산봉우리를 연결하는 포곡식(包谷式) 산성이다. 산성의 규모는 둘레

---

12 문의 윗부분을 무지개 모양으로 반쯤 둥글게 만든 문.

약 7km, 성벽 총길이 약 9.3km, 면적 약 2,700km²이다. 1978년 복원된 대성산성은 현재 산성 내의 유적들을 발굴하고 호수, 유람도로, 연못, 정자 등을 조성하여 유원지로 활용하고 있다.

대성산성은 평양의 중심가에서 약 10여 킬로미터 떨어져 있고 대중교통을 이용하면 약 20여 분 거리에 있다. 또 숲이 우거지고 산세가 수려할 뿐 아니라 동·식물원과 대성산유원지, 유희장, 안학궁터가 인근에 있어 평양 시민들의 주말 나들이 장소로 각광받고 있다. 현재 북한의 국보 제8호로 지정되어 있다.

안학궁터

안학궁(安鶴宮)은 장수왕이 국내성에서 평양으로 천도한 때인 427년(장수왕 15년)에 세워진 고구려 궁성으로 현재 터만 남아 있다. 1957년 시행한 발굴로 드러난 안학궁의 규모는 둘레 약 2.5km, 넓이 약 0.4km²이고, 성벽은 전체적으로는 사각형이며 돌과 흙을 섞어 축조하였다. 비상시에는 왕과 주민들이 인근의 대성산성에 들어가 방어하였다고 한다.

궁성 안은 큰 궁전들과 회랑, 가산(假山)[13]과 호수로 구성되었으며, 쉰두 채의 궁전 터가 확인되었다. 현재 안학궁터 인근에는 중앙식물원과 중앙동물원, 대성산유원지가 있으며, 최근에 해체된 평양민속공원은 안학궁터 바로 옆에 있었다. 현재 북한의 국보 제2호로 지정되어 있다.

---

13 정원에 인공적으로 돌이나 흙으로 쌓아 만든 조그마한 산.

천하제일강산

평양의 풍광에 대한 상찬

조선시대 평양은 상업과 무역이 성해 한양 다음으로 번성한 도시였다. 또 경치가 빼어나고 물산이 풍족하며 풍류가 깃든 곳으로도 유명하였다. 『조선왕조실록』에는 평양의 풍류와 명승이 "중국의 소주(蘇州)나 항주(抗州)에 견줄 만하여 천하에 알려진 지 오래되었다"라고 기록되어 있다.

평양이 명승지로 이름이 나게 된 것은 대동강과 모란봉 덕이 크다. 굽이쳐 흐르는 대동강을 중심으로 나지막한 봉우리(모란봉)와 주변의 정자, 대동강변의 절벽과 비단처럼 펼쳐진 섬, 그리고 끝없이 펼쳐지는 너른 들판 등이 어우러진 풍광은 가히 절경이라 칭송이 자자하였다.

중국의 사신 공용경(龔用卿, 1500~1563)이 모란봉에 오른 후, "우리들이 천하를 많이 유람하였지만 이와 같은 데가 있는 것은 보지 못하였다. 사방을 바라보아도 끝이 없고 강이 빙 둘러 있어 이와 같은 절경은 천하에 짝이 없을 것이다"(「중종실록」 제84권, 1537년(중종 32년) 4월 3일)라고 했다 하니, 중국과는 사뭇 다른 빼어난 풍광이었던 모양이다.

평양이 명승지로 알려지면서 고려시대에는 왕과 왕실 인척들이 유람과 연회의 장소로 애용하기도 했다. 또 조선 초기 김시습(金時習,

1435~1493)의 한문소설 『금오신화金鰲新話』에 실린 「취유부벽정기醉遊浮碧亭記」는 평양의 명승지인 대동강과 부벽루, 영명사 등을 주무대로 삼아 평양의 명소를 알리는 계기가 되었다. 동시대 인물인 조위(曺偉, 1454~1503)와 성현(成俔, 1439~1504) 등은 평양의 대표적인 경승지 여덟 곳을 모아 그 아름다움을 시로 노래하였는데, 이것이 「평양팔영平壤八詠」이다. 이들 작품으로 인해 평양과 주변의 아름다운 경치가 본격적으로 소개되었다.

이러한 글에 영향을 받아 수많은 문인들이 대동강변의 을밀대, 연광정, 그리고 부벽루에 올라 주변 경치를 감상하고 많은 글을 남겼다. 절경을 감상하면서 시를 짓고 글을 쓰는 것은 당시 문인들에겐 흔한 일이었다. 어느 한 사람이 풍광에 대한 감상을 시로 남기면 너도나도 앞다퉈 그 시의 운율을 따라 차운(次韻)하였는데, 요샛말로 '댓글 달기'였다.

평양팔경[14]의 풍경과 정취는 시나 글로만 남겨진 것이 아니었다. 뛰어난 경치를 그림으로도 남겼는데, 〈평양팔경도〉, 〈관서명구첩〉, 〈관서명승도첩〉 등의 '평양명승도'가 그런 그림이다.

대동강과 보통강 주변의 풍광이 대부분인 평양팔경은 옛 평양의 모습을 그려볼 수 있는 명소로 오늘날까지 많은 사람들의 입에 오르내린다. 이곳들은 지금 평양의 대표적인 공원과 유원지로 조성되었다.

서울의 한강처럼 대동강은 평양의 중심이라 할 수 있다. 한강이 서에서 동으로 흐르기 때문에 서울은 강북(江北)과 강남(江南)으로 나뉘지만, 평양은 대동강이 시내 중심부에서 북에서 남으로 흘러 동평

14 본문 내 「평양팔경과 평양형승」의 '평양팔경'에서 자세히 소개.

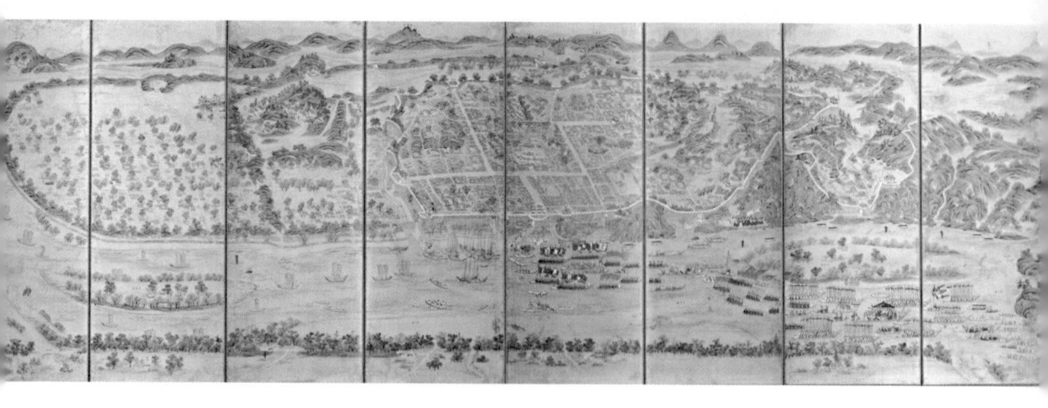

19세기 평양의 전경을 살펴볼 수 있는 〈기성도병〉. 평양성과 주변의 경관, 대동강변과 능라도, 양각도에 심은 버드나무와 십리장림이 잘 묘사되어 있다.

양(東平壤)과 서평양(西平壤), 그리고 본평양(本平壤)으로 구분하기도 한다. 주요 유적들이 많은 본평양은 역사적으로나 문화적으로 서울의 강북에 해당한다고 할 수 있다. 대동강은 예나 지금이나 평양의 중요한 젖줄이자 명소이다. 해방 후 평양의 공원 조성 공사가 가장 먼저 시행된 곳이 대동강변이었던 것은 우연이 아니다. 1949년에 대동강변에 1km에 달하는 유보도(遊步道, Promenades)[15]를 건설하고 수양버들, 단풍나무 등을 심어 산책 공원으로 조성하였다. 지금도 평양 시민들은 휴식이나 낚시, 또는 데이트 코스로 대동강변의 대동강유원지를 즐겨 찾는다. 또 대동강변의 버드나무는 예전부터 평양을 대표하는 가로수로, 예전에는 평양을 버들 류(柳)자를 써서 '류경(柳京)'이라고도 불렀다.[16] 평양성 안팎의 경관과 건물을 그린 옛 그림에는 대동강

15 도시 내의 수변(水邊)이나 전망 좋은 곳을 따라 천천히 걸으며 즐기는 산책로를 일컫는 북한말로서, 대동강 유보도는 대동강유원지 조성의 기본이 되었다.

16 『연려실기술』에 이와 관련된 내용이 전해진다. "세상에 전하기를, '기자(箕子)가 조선의 풍속이 억세고 사나운 것을 보고, 버드나무의 본성이 부드럽다는 이유로 백성들로 하여금 집집마다 버드나무를 심게 하였다. 이 때문에 평양을 일명 류경(柳京)이라고 한다'고 한다."(『연려실기술별집』 제19권, 「역대전고(歷代典故)-기자조선(箕子朝鮮)」)

강변의 버드나무 숲으로 구성된 십리장림이 잘 표현되어 있다.

국학자(國學者) 양주동(梁柱東, 1903~1977)은 대동강을 중심으로 평양의 풍광을 감상하는 방법으로 "첫째, 모란봉이나 을밀대, 또는 부벽루에 올라 동남쪽 일대를 전망하는 것, 둘째, 연광정 부근에서부터 청류벽 아래까지 대동강을 따라 걸으면서 능라도 일대를 조망하는 것, 셋째, 대동강에 배를 띄우고 능라도 즈음에서 강물이 흐르는 대로 내려가거나, 대동문에서부터 대동강을 거슬러 오르면서 주위의 정경을 바라보는 것"이라 했다. 그는 이 세 가지 유람법 중에서 세 번째 방법이 평양의 산천을 감상하는 가장 좋은 방법이라고 했다. 어느 곳에서 바라보아도 빼어난 평양의 풍광을 상찬(賞讚)한 것이라 할 수 있다.

평양의 경치를 보고 열광한 사람들은 중국 사신과 우리만이 아니었다. 영국의 화가로 1919년에 우리나라를 찾았던 엘리자베스 키스(Elizabeth Keith, 1887~1956)[17]는 평양 대동강변의 풍광에 대하여 찬사를 아끼지 않았다.

> 한국의 경치는 너무나 아름다워 때때로 여행객은 기이한 감동을 맛보게 된다. 그 풍경의 아름다움은 한국 문화의 유서 깊은 전통과 긴밀하게 연결되어 있다. 서울의 야산이나 대동강변을 걸어보면 베이징의 서구(西丘)를 걸을 때처럼 시간을 초월한 황홀경을 느끼게 된다. 이 감각적인 즐거움은 내 조국인 잉글랜드와 스코

---

17 스코틀랜드의 애버딘셔(Aberdeenshire)에서 태어나 영국으로 이주한 엘리자베스 키스는 1915년부터 아시아를 여행하였다. 한국에는 1919년에 처음 도착하여 이곳저곳을 여행하면서 한국인과 한국 풍경을 그린 수채화, 판화 등 작품 약 80여 점을 남겼다. 1921년과 1934년에 한국에서 작품 전시회도 열었으며, 1946년에 출판된 그의 『Old Korea: the Land of Morning Calm』은 『영국화가 엘리자베스 키스의 코리아 1920~1940』라는 책으로 국내에서도 출간(책과함께, 2006)되었다.

틀랜드의 전원을 산책할 때의 느낌과는 사뭇 다르다. …… 한국의 전원 풍경은 정말 아름답다. 어떤 예기치 못한 프로젝트가 그 오래된 땅의 매혹적인 풍경을 망가뜨리지나 않는지 걱정이 되어 한시바삐 그곳에 되돌아가고 싶은 동경을 느낀다.[18]

그는 심지어 새로운 개발로 인해 매혹적인 정경이 사라지지나 않을까 노심초사하기까지 하였으니, 그의 한국 전원 풍경에 대한 사랑은 특별한 것이었다. 더욱이 백년 전에 전통문화와 자연경관을 연관지어 생각한 그의 시선은 꽤나 진보적이다. 그의 기록은 우리가 소홀히 했던 우리 산천의 아름다움과 문화의 가치를 다시금 일깨운다.

모란봉의 서쪽 대동강 한가운데에는 능라도라는 섬이 있는데, 현재는 릉라도 5월1일 경기장[19]이 자리 잡고 있다. 연광정이나 부벽루에서 바라보는 예전의 능라도 모습은 마치 비단을 풀어놓은 모습이었다 한다. "모래 언덕 높이 솟으니 비단을 찢어 쌓은 듯한데, 고깃배가 낸 한 줄기 기적 소리는 멀리서 지나간다. 그 누가 선녀가 안개로 짠 비단을 강 위에 만 장의 물결로 펼쳐두었나"라는 시구(詩句)가 그 정경을 말해주고 있다.

---

18 엘리자베스 키스, 엘스펫 K. 로버트슨 스콧, 『영국화가 엘리자베스 키스의 코리아 1920~1940』, 송영달 옮김, 책과함께, 2006, 139쪽.

19 1989년에 완공된 다목적 경기장으로 약 15만 명을 수용할 수 있다고 한다. 이름에서 '5월 1일'은 국제노동절이자 경기장 완공일을 의미한다. 여기서는 김일성 생일을 축하하는 〈아리랑 축전〉이 열리기도 한다.

20 엘리자베스 키스, 위의 책, 140쪽.

21 엘리자베스 키스, 위의 책, 135쪽.

(왼쪽) 엘리자베스 키스가 연광정 정경을 그린 〈평양 강변〉[20](1925). 송영달 개인 소장.
(오른쪽) 동시대 일제강점기 사진엽서.

1392년에 지은 평양 성곽 중 유일하게 남아 있는 평양의 동문을 그린 엘리자베스의 〈평양의 동문〉[21](1925). 송영달 개인 소장.

평양팔경과 평양형승

평양팔경

‘평양팔경(平壤八景)’은 평양의 여덟 가지 아름다운 경치를 말한다.

제1경은 을밀대의 봄 경치(을밀상춘, 乙密賞春)이다. 을밀대(乙密臺) 주변은 높고 낮은 골짜기와 봉우리가 자리 잡고 있으며, 각종 꽃과 나무가 자라고 있어 계절마다 독특한 풍광을 자아내는데, 특히 꽃들이 만발한 봄의 경치는 팔경 중에 으뜸으로 친다.

제2경은 부벽루에서의 달 구경(부벽완월, 浮碧玩月)이다. 부벽루(浮碧樓)는 청류벽 절벽 위에 세워진 누각으로 원래는 영명사에 속해 ‘영명루(永明樓)’로 불렸다. 달밤에 부벽루에서 바라보는 풍경과 대동강물에 비친 달은 많은 이들에게 시심을 불러일으켰다.

제3경은 해 질 녘 영명사에 승려들이 찾아드는 풍경(영명심승, 永明尋僧)이다. 고구려시대에 세워진 영명사(永明寺)는 여러 번의 전화(戰禍)로 훼손되어 한때 청류벽 아래로 옮겨졌다가 다시 부벽루 서쪽으로 옮겨왔다고 한다. 당시 해 질 무렵 영명사에 승려들이 찾아드는 풍경 역시 평양팔경 중의 하나로 꼽혔다.

평양팔경 중 제1경에 해당하는 을밀대. 을밀대와 연결된 평양성의 모습을 볼 수 있다. 일제강점기 사진엽서(왼쪽)와 현재의 을밀대(오른쪽).

일제강점기의 영명사 대웅전(왼쪽)과 애련당(오른쪽). 일제강점기 사진엽서.

제4경은 연당에 비 내리는 소리(연당청우, 蓮塘聽雨)이다. 연당(蓮塘)은 대동문에서 종로로 통하는 길 복판에 있던 연못으로 이 연못에는 16세기에 조성된 애련당(愛蓮堂)[22]이 있었는데 빗소리를 들으며 바라보는 연못의 모습이 독특한 정취를 자아냈다고 한다. 이 애련당은 일제강점기 일본인에 의해 분해되어 일본으로 밀반출되었다.

제5경은 보통강 나루터에서 나그네를 떠나보내는 광경(보통송객, 普通送客)이다. 평양성의 서문인 보통문은 북쪽 의주(宜州)로 통하는 관문이었다. 보통문 앞의 보통강 강가에는 버드나무가 줄지어 자라고 있는데, 보통문을 지나 보통강의 나루터에서 북방으로 떠나는 나그네를 전송하는 풍경을 볼 수 있었다고 한다.

제6경은 용산의 사철 푸른 나무가 늦가을에도 푸르러 있는 풍경(용산만취, 龍山晩翠)이다. 늦가을 산기슭에 감도는 안개와 푸른 숲으로 둘러싸인 용산[23]의 산봉우리 풍경은 예부터 수려한 산수풍경으로 손

---

22 1542년 평양 내성 대동문 인근의 연못에 지어진 4각의 정자. 현판은 송강 정철(鄭澈, 1536~1593)이 썼다고 전해지며 1900년대 초 '민간경제 외교의 창시자'로 일본인들의 추앙을 받던 시부사와 에이이치(澁澤榮一, 1840~1931)의 저택(현재 도쿄 아스카야마(飛鳥山) 공원 내)으로 옮겨졌다가 제2차 세계대전 말기 미군의 도쿄 공습 때 불타 없어졌다고 한다.

23 북한에서는 '용악산(龍岳山)'이라고도 한다.

꼽혀왔다.

제7경은 거문 앞에서의 뱃놀이(거문범주, 車門泛舟)이다. 옛날 평양 외성의 남문이었던 거문(車門)[24] 앞 대동강에서 즐기던 뱃놀이 풍경이다. 대동강에서의 뱃놀이는 요즈음도 평양 시민들이 휴일에 삼삼오오 짝을 지어 즐겨하는 대표적인 여흥이다.

제8경은 이른 봄 대동강의 여울 마탄에서 눈 섞인 물이 소용돌이치는 풍경(마탄춘창, 馬灘春漲)이다. 마탄은 승호구역 봉도리에 위치한 여울로, 사람이 건너기는 힘들고 말이 건널 수 있는 여울이라 '마탄(馬灘)'이라 하였다. 마탄은 고려의 명장 강감찬(姜邯贊, 948~1031) 장군이 거란(契丹)의 대군을 물리친 장소이기도 하다. 이른 봄 눈 섞인 대동강물이 소용돌이치는 풍경 또한 절경이었다고 한다.

평양형승

평양에는 평양팔경 외에도 경치 좋은 아홉 가지 지형지물인 '평양형승(平壤形勝)'이 있다.

대동강변의 만경봉에 있는 만경대(萬景臺)에서는 대동강과 주변 경치를 두루 감상할 수 있다. 현재 김일성의 생가가 있어 혁명의 성지로 여긴다.

금수산(錦繡山)[25]에 있는 을밀대(乙密臺)는 사방이 탁 트여 있어 평양 시가를 두루 내려다볼 수 있다.

현재 대성구역의 청암동에 있는 주암사 뒷산으로 추남허(楸南墟)에서는 모란봉 청류벽과 능라도, 동평양의 경치를 한눈에 내려다 볼

24 '수레문'이라고도 하였다.

25 평양의 진산(鎭山, 각 고을의 뒤에 있는 큰 산)으로 지금은 흔히 '모란봉'이라 부른다.

대동강변 모란봉 아래의 청류벽 전경.

수 있다.

봉황대(鳳凰臺)는 만경대구역 선내동 남쪽 서산의 대동강변으로 뻗은 산언덕이다. 이곳은 예부터 세 개의 산(대성산, 용악산, 대보산)과 두 개의 강(대동강, 보통강)을 바라볼 수 있는 명승지라고 하여 '삼산이수시승(三山二水視勝)'이라 불렸다고 한다.

능라도(綾羅島)는 대동강 한가운데 있는 섬으로 물 위에 뜬 꽃바구니로 비유되곤 하였다. 이곳에서 바라보는 금수산 절벽 위의 부벽루, 영명사, 그리고 을밀대 등의 경치가 빼어나다고 한다.

청류벽(淸流壁)은 대동강가의 바위 절벽으로 청류벽 주변에서는 예부터 뱃놀이를 즐겨 하였다. 이 절벽 위에 부벽루가 있다.

춘양대(春陽臺)는 청류벽 남쪽 끝 청류정(淸流亭)이 위치한 대(臺)로 부벽루 못지않은 전망을 볼 수 있다.

추양대(秋陽臺)는 해방산의 옛 지명으로 '서기산(瑞氣山)'으로 불리기도 했다. 평양성의 이곳저곳을 조망할 수 있어 고구려 때부터 장대(將臺)[26]로 이용되었다.

26 장수가 올라서서 명령·지휘하던 대(臺). 성(城), 보(堡) 따위의 동서 양쪽에 돌로 쌓아 만들었다.

동양대(東陽臺)는 평양성 내성의 동북문인 장경문 안쪽에 있는 산으로 '햇빛이 잘 비치는 동쪽의 산'이라는 뜻이다. 현재 해방탑이 있는 곳으로 '동산(東山)'이라고도 한다.

평양의 주요 누각과 정자

연광정

대동강변의 대표적인 정자이자 관서팔경(關西八景) 중 하나인 연광정(練光亭)[27]은 평양을 찾는 사람이라면 가장 먼저 오르는 곳이기도 하다. 이곳에 오르면 햇빛에 비친 대동강 물결이 아름답게 보여 이런 이름을 지었다고 한다. 연광정의 북쪽으로는 모란봉과 청류벽이 병풍처럼 대동강을 감싸고, 대동강 한가운데는 비단을 펼친 듯한 섬인 능라도가 떠 있다. 유유히 휘감아 돌아 흐르는 강물과 그 속에 떠 있는 섬, 멀리 바라보이는 너른 들판과 그 뒤로 굽이치는 산자락이 만들어내는 정경은 매우 그윽하고 편안했을 것이다.

연광정에는 '천하제일강산(天下第一江山)'이라는 현판이 걸려 있는데 명나라 사신 주지번(朱之蕃, 1546~1624)의 작품이다. 평양 풍광에 대한 최고의 찬사가 아닐 수 없다. 연광정에 오른 주지번은 풍광

27 조선 후기의 가장 대표적인 누정 건축물 중 하나로 일컬어지는 연광정은 원래 6세기경 고구려 평양성 내성의 동쪽 장대로 처음 지어졌다. 그후 수차례 중수하였으며 현재 건물은 1860년(철종 11년)에 중창한 것이 전해진다고 한다. 연광정은 두 개의 장방형 평면의 누정이 'ㄱ'자형으로 붙어 있는 독특한 평면 구조를 가지고 있다. 대동문 인근 대동강가의 덕암(德巖)이라는 바위 위에 지어져 주변의 빼어난 경치를 감상할 수 있으며, 관서팔경 중 하나로 알려져 있다. 북한의 국보 제16호이다.

(위) 김홍도의 작품으로 전해지는 〈연광정 연회도〉(18~19세기). 《평양감사향연도》 중 한 폭이다. 새로 부임한 평양감사를 위해 연광정에서 베푼 연회의 모습이다. 연광정의 오른쪽에 2층 누각으로 그려진 건물이 대동문이다. 국립중앙박물관 소장.
(아래) 대동강변에 자리 잡은 연광정(왼쪽)과 대동문(오른쪽). 일제강점기 사진엽서.

에 감탄하면서 그 경치에 취해 스스로 현판 글씨를 썼다고 한다. 한편 수백 년이 지난 후 어느 선비[28]가 쓴 다음 글을 보면, 연광정의 정경과 주지번의 현판이 오랫동안 사람들의 입에 오르내렸음을 짐작할 수 있다.

> 연광정에 올라가 사방을 두루 바라보니 가슴속이 시원하게 씻기는 느낌이었다. 동에는 대동강이 있고 서에는 만호루가 있었다. 누대는 비단에 수를 놓은 듯했고, 엇갈려 서 있는 가옥들의 붉은

28 성명 미상의 그 선비는 1841년과 1846년에 금강산, 개성, 평양, 의주 등지를 여행하면서 일기 형식으로 쓴 『금강일기부서유록金剛日記附西遊錄』을 남겼다(『19세기 선비의 의주, 금강산 기행: "금강일기부서유록" 역주』, 조용호 옮김, 삼우반, 2005 참조).

색 흙벽이 사람의 이목을 비추니 진정 이른바 동국 제일의 강산이라 할 만했다. 내가 머리를 묶은 뒤로 이곳의 뛰어난 경치를 배부르게 들어왔지만, 오늘 한번 둘러보니 과연 듣던 대로였다.

을밀대

평양의 팔경 중에 제1경은 을밀상춘이다. 모란봉의 높은 곳에 자리 잡은 을밀대(乙密臺)[29]에서 바라보는 봄의 정취가 평양의 풍경을 대표하는 곳이었다. 이곳을 오르면 사방이 탁 트여 모든 곳을 감상할 수 있다는 의미로 을밀대를 '사허정(四虛亭)'이라고 했다. 을밀대는 평양성 내성의 북장대(北將臺)로 주변을 모두 둘러볼 수 있는 일종의 망루이기도 하다. 일제강점기 사진엽서를 보면 을밀대와 연결된 평양성의 성벽이 남아 있는 것이 보인다.

부벽루

대동강변의 누정 중에 빼놓을 수 없는 곳이 부벽루(浮碧樓)[30]이다. 부벽루와 관련된 시가 많은데 그중 김황원(金黃元, 1045~1117)의 작품이 회자된다.

29 6세기 중엽 고구려가 평양성 내성의 북장대로 세운 을밀대는 내성이 북쪽으로 뻗은 가장 끝에 자리 잡고 있다. 현재의 건물은 1714년(숙종 40년)에 다시 세웠다. 을밀대는 경사지를 절벽으로 깎고 외벽면을 높이 11m 석축 위에 쌓은 단애성벽으로 우리나라의 자연지형을 적절하게 이용한 뛰어난 성벽 축조 기술이라고 한다. 현재는 을밀대, 최승대, 부벽루, 현무문 등이 모란봉공원 안에 위치해 있다. 북한의 국보 제19호이다.

30 평양 대동강가의 청류벽이라는 절벽 위에 세워진 누정으로 4세기에 건립되었다가 17세기에 재건하였다. 맨 처음 영명사의 부속 건물로 지어져 '영명루'로 불렸으나, 12세기에 고려 예종이 '대동강의 푸른 떠 있는 듯한 누정'이라 하며 '부벽루'로 고쳐 불렀다고 한다. 부벽루는 건물 자체뿐 아니라 주변의 숲과 바로 아래의 절벽, 그리고 대동강과 강 건너의 너른 들판 등 주변의 빼어난 풍광 때문에 진주 촉석루, 밀양 영남루와 더불어 조선의 3대 누정 중 하나로 손꼽힌다. 현재 북한의 국보 제17호이다.

일제강점기에 촬영한 부벽루. 일제강점기 사진엽서.

김황원은 고려 예종 때 고시(古詩)로 '해동제일인자'라는 칭송을 받았던 인물이다. 그가 평양에 들렀다는 소문이 돌자 평양 관리와 선비들이 부벽루에 있던 그에게 시를 지어달라고 요청했다. 그는 부벽루에 걸려 있는 시들을 읽고 못마땅하여 자기가 시를 지을 테니 다른 이들의 글은 모두 떼어버리라고 말했다. 부벽루에 오른 그는 "높은 성 한쪽에는 굽이굽이 물이요(危城一面溶溶水), 넓은 들 동쪽 끝에는 점점이 산이로다(大野東頭點點山)"라고 겨우 한 구절을 읊은 후, 더 이상 시를 잇지 못하였다고 한다. 앞에 펼쳐지는 풍광에 너무나 감동한 나머지 더 이상 시상(詩想)이 떠오르지 않자 종일토록 끙끙대다가 통곡하며 누각을 내려갔다는 일화가 전해진다.[31]

부벽루를 묘사한 시 중에는 '마치 학을 타고 강물에 걸터앉은 듯하다'고 표현한 윤택(尹澤, 1289~1370)의 시가 이 건축물의 형국과 정취를 잘 보여주고 있다. 대동강변 금수산 자락의 다소 낮은 곳에 자리 잡은 부벽루는 마치 학의 등을 타고 앉은 것처럼 보이고, 북쪽의 모란봉 꼭대기에 자리 잡은 최승대는 학의 머리처럼 보인다. 부벽루에서 바라다보이는 정경을 가장 잘 표현한 글로는 성현(成俔)의 「부벽루기浮碧樓記」를 빼놓을 수 없다. 평양을 다섯 번이나 들렀던 성현은 부벽루에 수차례 올랐다고 한다.

…… 가까이로는, 평평한 모래톱과 깎아지른 절벽, 여기저기 자

31 김황원의 쓰다 만 시는 예전에 부벽루 기둥에 걸려 있었으나, 현재는 연광정에 걸려 있다고 한다.

(위) 18세기에 그려진 작자 미상의《관서명구첩》, 대동강가 청류벽 위에 자리 잡은 부벽루. 부벽루 왼쪽으로는 영명사가 보인다. 부벽루 뒤쪽 금수산에 있는 누정은 최승대이다(왼쪽). 일제강점기 부벽루와 최승대 주변을 보여주는 사진엽서(오른쪽). 대동강변에 자리 잡은 부벽루와 금수산 정상에 자리 잡은 최승대, 그리고 대동강을 잇는 벽라교(碧羅橋)[32]가 보인다.
(아래) 일제강점기에 촬영한 최승대. 일제강점기 사진엽서.

리 잡은 마을들, 제방을 따라 자라는 버드나무, 뽕나무로 뒤덮인 오솔길, 그리고 강물을 오르내리는 돛단배와 강물에 가라앉았다 떴다 하는 물새들, 이런 풍광이 모두 발아래에 펼쳐진다. 그리고 멀리로는, 교외 들판에 비단 무늬처럼 이랑과 고랑이 보이는 전답이며 우거진 숲과 무성한 풀이 아득하여 끝이 없고, 아스라이 보이는 여러 산봉우리는 마치 상투머리와도 같은데 띄엄띄엄 아름다운 모습으로 구름 밖에 반쯤 드러나 있다. 이런 광경을 모두 편안히 앉아서 다 감상할 수 있다. 그러니 무릇 멀고 가까우며 높고 낮은 장대하고 탁 트인 대지의 광경을 기뻐할 만하고 완상할

32 부벽루와 능라도를 연결하는 다리라고 하여 이름 붙여진 듯하다. 이 다리는 일제강점기에 부벽루와 능라도까지만 연결되었으며, 능라도에서 대동강 동쪽 건너편까지는 연결되지 않았다. 당시에는 능라도에 정수장이 있었고, 대형 수도관이 부설된 벽라교를 통해 평양 시내로 급수되었다. 현재는 '릉라다리'라고 하여 대동강을 잇는 다리가 1988년 완공되었다. 벽라교는 릉라다리의 전신이라 할 수 있다.

만한데, 누대를 둘러싸고 있는 동남 방향의 풍경이 모두 시야에 들어오는 것이다(「부벽루기」, 『허백당집』 제3권).

성현의 이 글을 눈을 감고 그려보면, 대동강의 동쪽에 펼쳐지는 장쾌한 파노라마 풍광이 떠오르는 듯하다.

최승대

부벽루의 북쪽, 대동강변 금수산의 가장 높은 봉우리인 모란봉 정상(해발 95m)에 자리 잡은 최승대(最勝臺)[33]는 예전에는 '다섯 가지 명승을 구경하는 대'라 하여 '오승대(伍勝臺)'라고 하였다 한다. 후에 가장 높은 대라는 뜻에서 '최승대'로 이름이 바뀌었는데, 대동강과 평양 시내를 내려다볼 수 있는 장소라서 그 위치가 서울 남산의 팔각정과 비슷하다. 평양 시내의 가장 높은 봉우리에 자리 잡았으니, 그 전망이 빼어날 수밖에 없다.

일제강점기 평양의 조감도.

33 현재 최승대가 위치한 장소는 6세기 중엽에 쌓은 고구려 평양성 북성의 북장대 터였다. 그 후 1714년에 평양성을 새로 쌓는 공사를 하면서 그 자리에 봉화대를 설치하였으며, 인근에 있던 최승대는 1940년경에 현재의 자리로 이전하였다. 모란봉공원 내에 있는 최승대는 대동강변의 누정 중에 가장 높은 곳에 위치해 있어 평양의 도심뿐 아니라 대동강과 동평양, 서평양 구역 등 평양 전체를 두루 조망할 수 있는 매우 중요한 문화유적이자 전망대 역할을 하는 곳이다. 또 주변에는 벚나무, 복숭아나무, 살구나무, 진달래 등 다양한 화목류(花木類)가 자라고 있어 봄이면 평양 시민들이 즐겨 찾는 곳이다. 현재 북한 국보 제21호이다.

풍류의 도시

화려했던 영광의 도시

조선 중기까지만 해도 정치적, 사회적 영향으로 침체되어 있던 평양은 조선 후기에 점차 번창하는 도시로 변모하였다. 특히 18세기 청(淸)과의 무역 등으로 상업이 활발해지고 경제가 발전하면서 평양은 활기 넘치고 화려한 도시로 바뀌어 갔다.

평양은 한양과 달리 오가는 사람들이 많았다. 일종의 경유지였던 셈이다. 단순히 관서지방을 유람하는 사람들이 평양을 방문하는 경우도 있었지만, 중국의 사신들이 한양을 방문하기 전이나 조선의 연행 사절단이 중국을 가기 전에 들르는 곳이기도 하였다.

게다가 '동이족(東夷族)은 술 마시고 노래하고 춤추기를 좋아하며 집 꾸미기를 좋아한다'[34]는 기록은 풍류의 전통이 오래되었음을 알 수 있다. 풍부한 물산과 경제적 여유, 그리고 풍광까지 빼어나다보니 평양은 풍류의 도시가 되었다.

'평안감사[35]도 저 싫으면 그만이다'라는 속담은, 아무리 좋은 것도 제 마음에 들지 않으면 할 수 없다는 뜻이다. 이것은 평양이 가장 좋은 곳, 그리고 누구나 선망하는 곳이었음을 의미한다. 경기감사나 전라감사도 아니고 왜 하필 평안감사였을까? 다른 고을과 달리 평양

---

34 중국의 『후한서後漢書』에 기록되어 있다(『신증동국여지승람』,「평양부」).
35 평안도 지역의 관찰사가 머무르는 감영(監營)이 평양에 있어, '평양감사'로도 표현한다.

김홍도의 작품으로 전해지는 〈부벽루연회도〉. 《평양감사향연도》 중 한 폭이다. 대동강이 바라다 보이는 명승지 부벽루에서 새로 부임한 감사를 위해 기녀들이 춤과 노래를 선보이고 있다. 부벽루 너머 대동강 가운데에 있는 섬이 능라도이다. 국립중앙박물관 소장.

은 무엇인가 특별한, 한마디로 볼거리, 먹을거리, 놀거리가 넘치는 도시였다. 그러다보니 당시 모든 이가 동경하는 도시였으며, 풍류객들이 한 번쯤은 유람하고 싶어 한 곳이기도 하였다. 거기에는 평양의 기방(妓房) 문화도 한몫했다.

조선 후기 《평양감사향연도》[36]라는 기록화는 당시의 풍류 넘치는 모습을 보여준다. 새로 부임한 감사를 위한 환영 잔치가 주제인 기록화는 흔치 않다는 점에서 당시 평양의 명성과 평양감사의 위치를 다시 한 번 가늠할 수 있게 한다.

조선시대 인기 관광 코스, 평양 유람

평양이 이처럼 유명해지다보니 평양을 유람하는 코스도 다양했다. 우

36 〈월야선유도〉, 〈연광정연회도〉, 〈부벽루연회도〉 세 폭으로 구성되어 있는 그림으로, 각 작품의 크기가 가로 197cm, 세로 71cm에 달하는 크기가 큰 기록화이다.

(왼쪽)《평양감사향연도》중 〈연광정연회도〉 부분.
(오른쪽) 2014년에는 〈연광정연회도〉를 참조하여 평양감사 환영 잔치를 춤으로 재현한 〈평양정재 연광정연회〉가 국립국악원 예악당에서 열렸다.

선 대동문을 거쳐 연광정을 들르는 제1코스, 대동강에서 배를 타고 유람하는 제2코스, 그리고 평양성과 주변 유적을 답사하는 제3코스가 그것이다.[37] 이러한 코스는 개별적으로 찾기도 했지만, 며칠에 걸친 유람으로 이어지기도 했다.

대동문과 연광정을 둘러보며 즐기는 코스에서는 연광정의 연회가 큰 볼거리였다고 한다. 연광정은 대동강과 주변의 풍광을 감상하는 전망대였을 뿐 아니라 기녀들의 춤과 노래, 악기 연주 등을 펼치는 무대였으니 일종의 공연장이기도 했다. 즉 연광정이 평양 정재(呈才)[38] 예술의 중심이자 대표적인 문화 공간이었던 셈이다. 2014년에는 서울에서 〈연광정연회도〉를 참조하여 평양감사 환영 잔치를 춤으로 재현한 공연을 열기도 했다.

연광정의 퍼포먼스 못지않게 인기를 끌었던 유람은 대동강 뱃

37 당시 평양 유람 코스는 김종진의 「평양의 문화도상학과 기행가사」(『어문연구』, 40권 1호, 2012)에 자세히 나와 있다.
38 궁중이나 지방 관아에서 기녀들이 공연했던 음악·노래·춤이 합쳐진 종합예술.

《평양감사향연도》 중 〈월야선유도〉. 저녁 어스름에 대동강 선상에서 벌이는 평양감사 환영 잔치 풍경이다. 대동강 한가운데 떠 있는 배에 평양감사가 타고 있다. 평양성 건너편에서 조망한 그림으로 평양성과 대동문, 연광정을 볼 수 있다.

〈월야선유도〉 부분. 강변에는 많은 사람들이 횃불을 들었고 심지어 강 한가운데에 횃불을 띄우기까지 하였다. 그림 중앙의 화려하게 치장한 평양감사의 배 바로 뒤에 천막 지붕까지 씌운 기생들의 전용 배가 뒤따른다.

놀이였다. 일명 '선유(船遊) 놀음'으로, 화려한 배를 타고 대동강의 상류로 거슬러 오르며 모란봉과 청류벽을 감상하는 코스이다. 이 유람은 오직 평양에서만 누릴 수 있는 호사스런 선상(船上) 체험인데, 마치 우리나라 여행객들이 독일의 라인(Rhein)강이나 파리 센(Seine)강 유람에 환호하는 것처럼 색다른 여정이었을 것이다. 선상에서 바라보는 평양성과 연광정, 모란봉과 부벽루, 청류벽 등은 그야말로 보는 이의 감탄을 자아내게 했을 터다. 거기에 춤과 노래, 풍악이 어우러지면 그야말로 어깨춤이 절로 나고 시심을 불러일으키는 흥겨운 유람이 된다.

현재까지도 이러한 전통이 남아 있어, 평양 시민들의 주말 나들이 중 하나가 대동강 뱃놀이다. 2016년 8월 평양 대동강의 대형 유람선 '무지개호'에서 북한의 대표 맥주인 대동강 맥주를 즐기는 축제가 벌어졌다.

평양 유람 코스 중에 마지막 코스는 평양성 주변을 둘러보는 코스이다. 주로 기자조선(箕子朝鮮)의 유적지를 탐방하는 코스로, 풍류가들에게는 연광정 연회나 대동강 선유 놀음보다 덜 매력적이었을 것이다.

명성 높았던 예인, 평양 기생

평양의 명승고적 유람에는 노래와 춤, 악기를 빼놓을 수 없다. 사실 '풍류(風流)'란 자연을 가까이 하면서 음악과 예술을 즐기고 운치나 아취(雅趣)를 사랑한다는 뜻인데, 여기에 두루 능한 인물이 바로 기생(妓生)이었다.

조선시대에는 고을마다 기생이 있었다. 그중 평양 기생은 소문이 자자하였다. 평양 기생은 풍류의 도시 평양에서 빼놓을 수 없는 중요한 위치를 차지하고 있었다. 기생은 노래와 춤, 악기 연주는 물론이고 시서화(詩書畵)에도 능했을 뿐 아니라, 말씨나 행동거지도 교양이 깃들었고 높은 관리를 대하는 예의범절도 엄정했다. 한마디로 조선시대의 만능 엔터테이너이자 문화예술인이었던 것이다.

평양 기생의 명성이 널리 알려지다보니, 심지어 왕세자까지 구설에 오르기도 하였다. 양녕대군(讓寧大君, 1394~1462)이 세자 시절에

《평양감사향연도》 중 〈부벽루연회도〉 부분. 부벽루 앞마당에서 펼쳐지는 평양감사 환영 연회. 검무(劍舞)를 추는 기생들의 모습이 보인다(왼쪽). 기생들이 검무를 추는 모습을 그린 혜원 신윤복의 〈검무도〉(오른쪽). 간송미술관 소장.

평양 기생과 연분을 쌓은 내용이 『조선왕조실록』에 기록되어 있다.[39] 조선 후기의 그림에는 기생의 모습이 자주 등장하는데, 평양 기생의 모습은《평양감사향연도》에서 찾을 수 있다.

《평양감사향연도》 중 〈월야선유도〉에는 대동강 한가운데 떠 있는 화려한 배 안에 새로 부임한 감사가 앉아 있고 그 뒤를 바짝 따르는 기생들의 배도 보인다. 기녀들을 태운 배가 호위하는 관원의 배보다 앞서 감사의 뒤를 따르는 것에서 당시 기생들의 역할과 중요도를 짐작할 수 있다.

비슷한 시기에 평양 기생에 관한 책도 나왔다. 평양에서 명기(名妓)로 이름난 기생 67명에 대해 상세히 기록한 『녹파잡기綠波雜記』[40]라는 책이 그것인데, '평양 기생 인물 정보'라고 할 수 있다. 당시 평양

39 "세자가 평양 기생 소앵(小鸚)과 놀아난 문제로 김매경·박수기 등을 치죄하고 파직시키다(「태종실록」, 1413년(태종 13년) 3월 27일)."

40 조선 후기의 문인 한재락(韓在洛, ?~?)이 지은 평양 기생들에 대한 기록으로, 녹파(綠波)는 평양을 뜻한다. 현재 번역 출간되었다(안대회 옮김, 휴머니스트, 2017).

기생에 대한 사람들의 관심이 얼마나 뜨거웠는지를 알 수 있는 대목이다.

책에서는 각각의 기생마다 생김새와 성격, 주특기 등을 간략하게 설명하였다. 몇 가지 추려보자면, "죽엽(竹葉)은 용모가 풍만하고 넉넉하며, 풍류가 무르녹고 세련되었다. 말하는 품새는 호쾌한 선비와 같고, 가곡 솜씨는 당세에 으뜸이라 따라갈 자가 없다"라거나, "현옥(玄玉)은 눈이 부시도록 화려한 용모를 뽐내고 눈빛이 또랑또랑하여 시원스럽다. 갖가지 기예를 두루 익혀 잘할 뿐만 아니라 노래와 악기도 오묘하게 터득하였다" 등이다. 60명이 넘는 기생들에 대해 일일이 평하는 것이 보통 일은 아닐 텐데, 저자의 세심한 관찰력과 눈썰미가 돋보인다.

조선민주주의인민공화국의 수도

평양의 행정구역

평양은 일제강점기에 경성, 인천, 부산 등과 더불어 주요 도시 중 하나였다. 해방 후 북한에는 조선민주주의인민공화국이 수립되고 평양은 1946년 9월 평안남도에서 분리되어 평양특별시로, 그 후 1952년에는 평양직할시가 되었다.

현재 18개 구역[41]과 2개 군으로 이루어진 평양의 면적은 약 1,700km^{2}로 북한 전체 면적의 약 1%에 해당된다. 평양의 인구는 현재 약 300만 명으로 추정되고 있으며, 전체 인구의 약 10%에 해당된다. 서울은 총 25개 자치구로 이루어져 있으며, 면적은 약 605km^{2}이고 인구가 약 980만 명(2018년 7월 기준)이다. 서울에 비하면 평양의 인구밀도는 매우 낮은 편이다.

평양은 크게 본평양·동평양·서평양으로 구분된다. 본평양은 중구역, 모란봉구역, 보통강구역, 평천구역 일대이다. 동평양은 대동강구역, 동대원구역, 선교구역 등 신시가 지역이고, 서평양은 보통강의 서쪽 지역인 만경대구역을 뜻한다.

---

41 서울의 자치구에 해당되는 평양직할시의 18개 구역은 대동강구역, 대성구역, 동대원구역, 락랑구역, 력포구역, 룡성구역, 만경대구역, 모란봉구역, 보통강구역, 사동구역, 서성구역, 삼석구역, 선교구역, 순안구역, 은정구역, 중구역, 평천구역, 형제산구역 등이다. 2개 군은 강동군과 강남군이다.

18개 구역 중 평양의 중심은 과거 평양성 주변으로, '본평양'이라고도 불리는 지역이다. 중구역, 모란봉구역, 보통강구역, 평천구역 등이 이에 해당되며, 평양의 전통적인 옛 지역이다. 대동강 동쪽에 위치한 대동강구역, 동대원구역, 선교구역 등은 해방 후 본격적으로 개발된 지역이다.

중구역은 본평양에서도 가장 중심부라 할 수 있다. 예전에 관료와 왕족들이 살던 평양성의 중성과 내성 지역이다. 주요 정부시설들이 들어서 있을 뿐 아니라 교통의 중심지이기도 하다. 군사 퍼레이드로 TV에 자주 등장하는 김일성광장과 인민대학습당, 조선역사박물관, 노동당본청사, 만수대의사당 등이 바로 중구역에 있다. 또 평양을 대표하는 평양역과 평양제1백화점, 평양의 대표 음식점이자 평양냉면으로 유명한 옥류관이 있으며, 공원과 유원지도 많다. 대표적인 공원으로 모란봉공원, 모란봉청년공원, 만수대분수공원 등과 대동강유원지, 릉라도인민유원지 등이 있다. 평양의 대표적인 명소이자 전망대 역할을 하는 을밀대, 부벽루, 그리고 연광정과 대동문도 중구역에 있다.

모란봉구역은 중심부에 자리 잡고 있지만, 지형적 영향으로 녹지와 문화시설이 많으며 모란봉극장, 4.25문화회관, 개선청년공원 등이 있다. 개선청년공원 인근에 있는 모란봉극장은 현재 평양국립교향악단의 상주 공연장으로 1948년에는 백범 김구 선생이 참석한 남북협상회의가 개최되었다. 또 1948년 북한의 최고인민회의 제1차 회의에서 김일성이 조선민주주의인민공화국 국가수반으로 추대된 곳이기도 하다. 2017년 우리나라 국가대표 여자 축구팀이 북한 여자대표팀과 경기를 벌인 김일성경기장도 모란봉 주변에 있다.

북쪽으로 나지막한 봉화산이 있는 보통강구역은 좌우로 보통강

평양시 행정구역도.

평양 지도. 평양의 중심부인 중구역, 모란봉구역, 보통강구역 등과 해방 후 본격적으로 개발된 대동강구역, 동대원구역 등을 볼 수 있다.

평양의 랜드마크, 류경호텔.

을 끼고 있다. 보통강구역에는 북한의 유일한 국영 통신사인 조선중앙통신사와 북한에서 공식적으로 인정하는 개신교 교회인 봉수교회가 있다. 또 평양에서 가장 높은 건물이자, '추한 건물'로도 평가받고 있는 류경호텔[42]이 있다. 마치 현대판 피라미드를 연상케 하는 이 호텔은 그 특이한 모양새와 엄청난 규모로 세계적인 이목이 집중되기도 하였다. 류경호텔 옆 보통강변에는 류경정주영체육관[43]이 있는데, 2018년 4월 3일에 남북 합동공연 〈우리는 하나〉가 열렸던 곳이기도 하다.

대동강과 보통강이 합류하는 지점에 위치한 평천(平川)구역은 '평평한 지역에 시내가 흐르는 마을'이라는 의미이다. 이중환(李重煥, 1690~1756)이 '강가에서 가장 살기 좋은 곳'이라고 평했던 지역이다. 과거 평민들이 모여 살던 평양성의 외성에 해당하는 지역으로 당시의 바둑판 형태 가로(街路)[44] 계획이 일부 남아 있다. 일제강점기에는 일본군 군사시설들이 들어섰고 일본인들이 주로 거주하였다. 현재 평천구역에는 평양 시민들에게 전기를 공급하는 평양화력발전소[45]가 있다.

---

42 북한에서 가장 높은 건물로 첨탑까지의 높이가 330m이며, 최상층 높이는 317m이다. 지상 101층, 지하 4층 건물로 1987년 착공하여 여러 번 우여곡절을 겪으며 2012년 외부 공사를 끝냈지만, 여전히 개장이 불투명하다.

43 '류경'은 평양을, '정주영'은 현대건설 명예회장 고(故) 정주영을 말한다. 남북이 공동으로 건설한 종합실내체육관으로, 1998년 고 정주영 명예회장이 북측과 평양에 실내체육관을 세우기로 합의하여 준공한 것이다. 2003년 10월에 개관하였다.

44 시가지의 넓은 도로. 일반적으로 교통안전을 위하여 차도(車道)와 보도(步道)로 구분되어 있다.

45 북한에서 가장 규모가 큰 화력발전소로 1957년에 건립되었다.

그 외에도 평양 중심부의 서쪽에 위치한 서평양에는 만경대구역이 자리 잡고 있다. 김일성 생가[46]가 있으며, 최근에 집중적으로 개발되고 있는 지역이다. 만경대구역의 광복거리와 청춘거리는 20~30층의 고층 신형 아파트와 대규모 스포츠타운이 들어서 있다. 본평양이나 서평양보다 늦게 개발된 동평양은 대동강의 동쪽 지역으로 한국전쟁 후 본격적으로 개발되어 신시가지가 조성되었다. 대동강구역과 선교구역이 동평양의 대표적인 구역이다. 2018년 9월 평양정상회담에서 문재인 대통령과 김정은 위원장이 저녁 만찬을 함께 한 '대동강수산물식당'[47]이 동평양의 대동강구역에 새롭게 들어섰다. 또 김정숙 여사가 평양 방북 첫날(2018년 9월 18일)에 방문한 옥류아동병원과 김원균명칭 음악종합대학교도 대동강구역에 있다.

평양의 자연환경

> …… 강가에 살 만한 곳으로는 평양 외성(外城)이 팔도에서 제일이다. 대개 평양은 앞뒤로 백 리나 되는 들이 있어 명랑하기 때문에 기상이 크고도 넓다. 산색(山色)은 수려하고, 강물은 천천히 흐른다. 산은 들과 어울려서 평탄하고 수려하다. 강이 넓고도 커서

46 북한이 '혁명의 성지'라고 주장하는 김일성 생가는 김일성이 태어나 어린 시절을 보낸 곳이다. 일명 '만경대(萬景臺)'라고도 한다. 주체사상탑이나 개선문과 함께 외국 관광객들의 필수 관광 코스이기도 하다. 북한 주민들은 김일성의 생일인 4월 15일 태양절을 전후로 이곳을 찾아 참배한다. 인근에 만경대유희장이 있다.

47 3층으로 된 현대식 건물로 2018년 7월 30일에 준공되었다. 약 1,500명을 수용할 수 있는 해산물 전문 식당이다. 평양 시민들이 즐겨 찾는 식당을 방문하고 싶다는 문재인 대통령의 요청으로 만찬 장소로 결정되었다고 한다.

크고 작은 장삿배가 드나들고, 빼어난 돌과 층암이 강 언덕에 꾸불꾸불 이어 있다. 서북쪽은 좋은 농토가 아득히 펼쳐진 별천지다. …… 땅은 비록 오곡과 목화 농사에 적당하나, 제방과 개울이 적어서 밭농사에만 힘을 쏟는다. 그러나 하류에 있는 벽지도(碧只島)는 강 가운데에 있어 강물이 줄면 진흙이 나타나는데, 그곳 사람들이 논을 일구어 1묘(畝)[48]의 땅에서 1종(鍾)[49]이나 수확된다. 강은 백두산 서남쪽에서 시작해서 삼백 리를 내려오다가 영원군에서 강이라 불릴 만큼 커지고, 강동현에 이르러 양덕 · 맹산에서 흐르는 물과 합류해서 부벽루 앞에서 대동강이 된다. 강 남쪽 언덕은 숲이 십 리나 길게 뻗어 있다. 관에서 나무도 베지 못하게 하고 짐승도 치지 못하게 했기 때문에 기자 때부터 지금까지 나무가 무성하다. 매년 봄여름이면 그늘이 우거져 하늘이 보이지 않는다. ……"

이것은 이중환이 『택리지』에서 평양의 '산수(山水)'와 '지세(地勢)'를 설명한 글이다. 평양의 풍광과 자연환경을 표현하는 적절한 설명이 아닐 수 없다. 주변의 산이 그리 높지 않으며, 강물은 여유롭게 흐르고 넓은 들이 펼쳐진 평양은 예부터 살기 좋은 땅으로 알려져 왔다.

평양시의 지형은 북부와 동부가 약간 높고 남부와 서부는 낮다. 평양시는 해발 40~80m 내외의 낮은 언덕과 벌판이 넓게 펼쳐져 있으며, 낮은 구릉성 산지로 둘러싸여 있다. 동북쪽에는 명승지로 손꼽히는 대성산(270m)을 비롯해 청운산(364m), 국사봉(446m) 등이

48 30평(약 100m^2)
49 6섬 4말(약 1.2m^3)

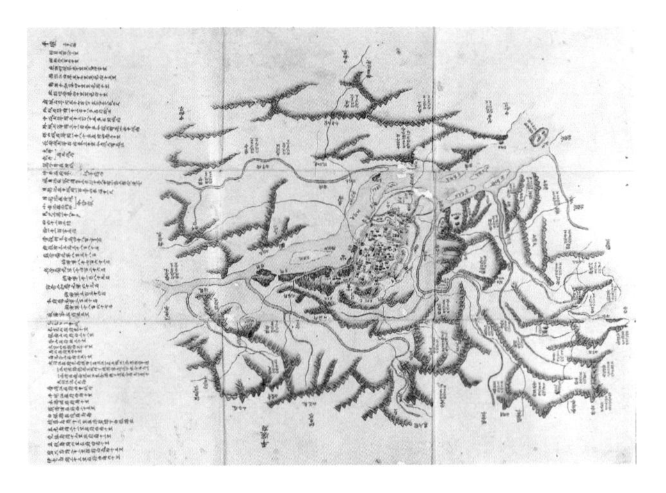

평양 주변의 지형과 수계(水系)가 자세히 표현된 18세기 평양 고지도. 중앙에는 평양성의 모습이 상세히 그려져 있다.

자리 잡고 있으며, 시가지 서쪽 만경대구역의 순화강변에는 용악산(292m)이 있다. 평양이 산을 배경으로 물을 끼고 있다는 점은 큰 틀에서 보면 서울의 지형과 유사하다고 할 수 있다. 그러나 서울은 정북 방향에 자리 잡은 산(북악산, 북한산)이 높고 도심을 좌우로 감싸는 나즈막한 산(인왕산, 낙산)이 있어 위요(圍繞)[50]된 형국인 반면, 평양은 서북쪽의 산(대성산, 국사봉)이 높고 동과 서, 그리고 남쪽으로 너른 평야가 펼쳐진 들판에 자리 잡고 있다.

평안남도 대흥군과 함경남도 장진군 사이 한태령에서 발원하여 평양 시내를 동에서 서로 휘감아 흐르는 대동강은 평양시를 북서부와 남동부로 갈라놓는다. 대동강 물이 동에서 서로 들이치는 공격사면에서 평양의 도심이 시작되므로 여름철 장마 때 물이 불면 범람의 위기에 자주 처하게 된다. 대동강에는 충적도들인 능라도, 반월도, 양각도, 이암도, 쑥섬, 두루섬, 두단섬 등의 섬들이 있으며, 그 넓이는 16km^2 정도 된다.

---

50 어떤 지역이나 현상을 둘러쌈.

인공위성 사진으로 본 평양의 현재(2018). 구글 지도 캡처.

대동강의 지류라 할 수 있는 보통강은 지리적으로나 역사적으로 중요한 강이다. 보통강은 대동강과 함께 평양성의 천연 해자 역할을 하였다. 보통강은 평안남도 평원군의 강룡산(降龍山, 446m)에서 발원하여 평안남도 서부지역을 남쪽으로 흘러 대동강에 합류하는 강이다. 북쪽의 보통강과 합장강, 그리고 남쪽으로는 남강과 무진천이 대동강으로 흘러들며 이들 지천에 의해 조성된 미림벌, 임원벌, 보통벌 등 넓은 충적지가 펼쳐져 있다. 충적지는 대부분 해발 10m 내외로 평양시 면적의 약 17%를 차지한다. 이곳 중서부 충적지는 낮고 평탄한 지형 조건으로 도시 건설의 기본 부지로 활용되었으며 농장과 주요 논농사 지역으로 구분된다. 이러한 지형적 특징 때문에 평양시의 낮은 지대는 충적지 토양과 논 토양으로, 낮은 구릉이나 산악 지대는 갈색 산림 토양으로 이루어져 있다.

평양시의 연평균 기온은 약 9℃이고, 1월 평균기온은 -8℃, 8월 평균기온은 24℃이다. 연평균 강수량은 약 1,000mm이다. 서울의 연평균 기온이 약 12℃이고 연평균 강수량이 약 1,300mm이므로 평양이 서울보다 춥고 비는 적게 내리는 편이다. 주변의 산지가 낮아 외부와의 대기 순환이 잘 되는 편이어서 평양시는 낮과 밤의 온도차가 심하지 않다.

서울보다 날씨가 춥고 건조한 곳이 많은 평양은 전통적으로 좁쌀, 기장, 메밀, 수수, 보리, 콩, 등 밭작물 생산이 많았다. 일제강점기 조사를 보면 평안남도가 좁쌀과 수수, 메밀 등을 전국에서 가장 많이 심는 지역으로 나온다.[51] 이들 곡물로 만든 음식은 평양의 대표 음식이 되었다. 조선 후기에 우리나라의 풍속과 행사를 정리한 책인 『동국세시기』에는 메밀로 만든 냉면은 평안도의 면이 가장 좋다고 하였다. 또 북한의 민속전통을 다룬 『조선의 민속전통』에도 평양의 대표 음식으로 평양냉면, 평양온반, 평양숭어국과 어복쟁반 등을 들고 있다. 이들 음식은 평양 주변 지역에서 산출되는 재료에서 나온 것이고, 그 재료는 평양의 자연환경과 밀접한 관련이 있다.

2018년 4월 27일 판문점에서 열렸던 남북정상회담의 만찬에 등장한 음식과 술 중에도 평양냉면과 문배주[52]가 눈에 띈다. 평양의 옥류관 주방장이 만찬장에서 직접 만든 평양냉면은 참석자들의 호평

---

51 이 내용은 독일의 지리학자 헤르만 라우텐자흐(Hermann Lautensach, 1886~1971)의 『Korea, Eine Landeskunde auf Grund eigener Reisen und der Literatur(코레아, 연구 여행과 문헌에 기초한 지지(地誌))』라는 책에 서술되어 있다. 그는 1933년 한국을 탐사 여행하면서 전국의 자연환경, 생활 문화, 취락과 교통 등 방대한 내용을 조사하여 1945년에 책으로 출간하였다. 『코레아: 일제강점기의 한국 지리』라는 제목으로 번역 출간(전2권, 민음사, 1998)되었다.

52 문배주는 1986년에 면천두견주, 경주교동법주와 함께 우리나라 국가무형문화재로 지정되었다.

을 받았다고 한다. 평양냉면은 누구나 알고 있지만, 문배주의 고향이 평안도라는 것을 아는 사람은 많지 않을 것이다. 좁쌀과 수수를 섞어 만든 문배주는 원래 평안도의 전통주였으며, 대동강 유역의 석회암층에서 솟아나는 지하수로 만들었다고 한다. 해방 후 북한에서는 명맥이 끊겨 남한의 명주로 자리 잡았다.

평양시의 식생은 온대 중부 식생의 모습을 나타내는데, 평양시 주변의 낮은 산지에는 소나무가 대부분이고 각종 참나무류(상수리나무, 떡갈나무, 갈참나무, 신갈나무 등)와 생강나무, 분지나무[53] 등이 고루 분포하고 있다. 평양시에서 가장 온화한 강남군과 만경대지역에는 보리수나무, 누리장나무, 장구밥나무 같은 수종이 자라고 있으며, 저산성[54]지대로 기온이 다소 낮은 북부와 동부는 신갈나무, 느릅나무, 팥배나무, 산벚나무, 물푸레나무, 황철나무, 물박달나무, 진달래 등이 분포한다. 평양시 주변은 대부분 해발 300m 내외의 저지대이므로 소나무림이 우세하며 식물의 수직적 분포 특성은 나타나지 않고 있다. 1970년대부터는 평양시에 잣나무, 세잎소나무[55], 아까시나무, 이깔나무[56], 가래나무, 평양뽀뿌라나무[57], 수삼나무[58] 등을 중심으로 조림하였다.

53 '산초나무'를 일컫는 북한말.

54 산이 아주 낮은 특성.

55 '리기다소나무'를 일컫는 북한말.

56 '잎갈나무'라고도 한다.

57 유럽산 포플러와 북미산 포플러의 자연교잡종으로 생겨난 이태리포플러(학명 Populus euramericana)를 일컫는 말로 1964년 북한에 도입되었다. 목재에 섬유소가 많아 북한에서는 양질의 종이 생산에 이용하며, 합판용재. 가구재, 성냥용재, 상자재 등으로도 쓰고 있다.

58 '메타세쿼이아'의 북한말.

(왼쪽) 청류벽회화나무.
(오른쪽) 바위틈에 뿌리내린 청류벽회화나무.

평양의 식생 중에서 빼놓을 수 없는 것은 버드나무[59]이다. 평양의 다른 이름이 '류경(柳京)'[60]이었던 것처럼 버드나무는 평양을 대표하는 나무였다. 1938년 조선총독부에서 발행한 『朝鮮の林藪(조선의 임수)』[61]에는 그 모습이 자세히 소개되어 있다. 일명 '대동강 임수'로 불렸던 버드나무 군락은 예전의 십리장림에서 그 기원을 찾을 수 있다. 1930년대 조사에서는 대동강변과 능라도, 반월도, 양각도 일대에 버드나무가 숲을 이뤘다고 한다. 이 숲은 평양의 풍치(風致)[62]뿐 아니라 홍수나 바람의 피해를 방지하는 역할도 했다.

당시의 버드나무 종류로는 버드나무, 능수버들, 수양버들, 분버

59 흔히 버드나무속(학명 Salix)의 여러 종류를 통칭하여 '버드나무'라고 부르지만, 버드나무는 하나의 종으로 고유한 학명(Salix koreensis ANDERSS)이 있다.

60 과거 수원 화성(華城)도 '유경(柳京)'이라 불렸는데, 이는 수원천변에 버드나무가 많이 자랐기 때문이다. 화성은 또 다른 별칭으로 '유천성(柳川城)'이라고도 한다.

61 1938년 조선총독부 임업시험장에서 간행하였다. 전국 약 200여 군데의 숲을 조사한 내용으로 당시의 상세한 현황뿐 아니라 『삼국유사』, 『삼국사기』, 『경국대전』, 『동국여지승람』, 『조선왕조실록』 등 각종 사료를 참고한 방대한 저술이다. 생명의숲국민운동본부에서 번역 출간하였다(『조선의 임수(역주)』, 지오북, 2007).

62 훌륭하고 멋진 경치.

들, 참오글잎버들 등이 대부분이었으며, 일부 버드나무와 능수버들은 당시 나무 높이 평균 15m, 가슴높이둘레 약 1~1.2m, 수령은 250년에 달했다고 한다. 현재 옥류능수버들이 북한의 천연기념물 제2호로 지정·관리되고 있는데, 이들 중 하나로 추정된다. 옥류교 밑에서 옥류관 쪽으로 올라가는 길목에 자라는 옥류능수버들은 1860년경에 심은 것으로, 나무 높이 약 16m, 뿌리주변둘레 약 4.5m, 가슴높이둘레 약 4.6m에 달한다.

한편 대동강변의 청류벽에는 아주 오래된 회화나무가 자라고 있는데, 이 또한 북한의 천연기념물이다. 1790년경부터 청류벽의 바위틈에 뿌리를 내리고 자란 청류벽회화나무는 높이 14m, 가슴높이둘레 약 4m로 그 생김새가 기묘하다. 명승지인 청류벽의 풍치를 더해주는 노거수(老巨樹)[63]라 천연기념물 제3호로 지정 · 관리하고 있다(「부록」의 '평양시의 천연기념물' 참조).

63 수령(樹齡)이 많고 커다란 나무.

For use by War and Navy Department Agencies only
Not for sale or distribution
P'YONGYANG (HE
POT'ONG-GANG (FUTSU-KO)
P'YONGYANG (HEIJO) PRISON
Isolation Hospital
Rubber Factory
Grade School
Technological Laboratory
Weather Bureau
Lumber Mill
Normal School
Water Pumping Station
Warehouse
Slaughter House
Powder Magazine
Barracks 77th Infantry Regiment
Officers' Club
Garrison Hospital
Division Headquarters
Residence of Division C.O.
Army Barracks
Transformer Station
Cemetery
AN-SAN
Kiln
DRILL FIELD
Public Hall
Medical College
Court
Markets
Army Warehouses
Street Car Depot
Girls' High School
Cotton Mill
Civil Engineers Office
Bank
Library
Theological Seminary
Cattle Market
Christian Hospital
Bible School
American Mission Residences
(Yakusui) Mineral Spring
Tast'sryong-ni (Daitaro-ri)
SAWOL-DONG (BEIGETSU-DO)
CH'ANGWANG-SAN (SOKO-SAN)
Kangch'on-dong (Koson-do)

제2부

평양의 도시 건설과 공원 조성

우리나라 도시공원의 역사

공원의 탄생과 현대 공원의 시초

원래 자연 속에서 생활했던 인간은 인공 시설물로 가득 찬 도시에서도 산과 강, 들판과 나무 등을 가까이할 수 있는 장소를 만들고자 애썼다. 산업혁명으로 인해 인구가 도시에 밀집되고 각종 공장과 시설이 들어서면서 도심의 시민들이 몸과 마음을 쉴 수 있는 공간에 대한 욕구가 생겨났다. 이러한 사회적 요구에 따라 사유정원(私有庭園, Private Garden)이 아닌 공공(公共) 목적의 정원, 즉 현대적 도시공원을 의미하는 '공원(公園, Public Park, Public Garden)'의 개념이 새롭게 탄생하였다. 사유정원이 특정한 계층을 위한 공간이라면, 공원은 신분의 제한 없이 누구나 이용할 수 있는 공적인 공간이다.

오늘날의 공원 형태는 17세기 런던의 하이드파크(Hyde Park), 19세기 리버풀(Liverpool)의 버컨헤드공원(Birkenhead Park)과 뉴욕의 센트럴파크(Central Park) 등을 통해 자리 잡았다. 영국의 버컨헤드공원은 일반 대중을 위해 시민의 힘과 재정으로 계획된 최초의 공원으로서 그 의미가 크다. 미국의 조경가 프레드릭 로 옴스테드(Frederick Law Olmsted, 1822~1903)는 이 공원에 결정적 영향을 받았으며, 그 결과 옴스테드는 세계에서 가장 유명한 도시공원인 뉴욕의 센트럴파크를 조성하였다.

아시아에 공원이라는 개념이 처음 알려지게 된 것은 영국인들에

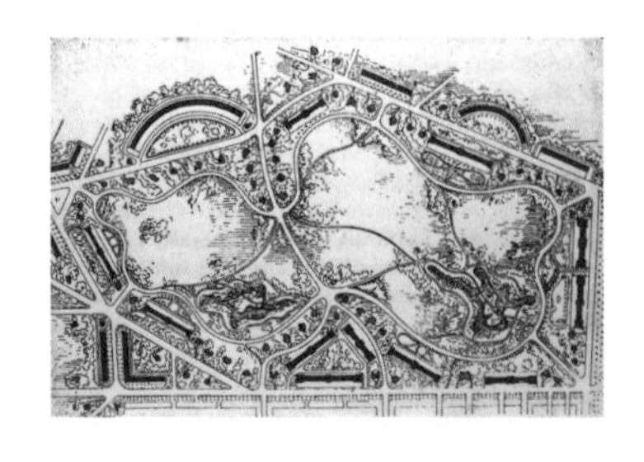

조지프 팩스턴(Sir Joseph Paxton, 1803~1865)이 디자인하여 1847년 개장한 버컨헤드공원.

의해서였다. 1860년대 아편전쟁에서 청나라가 패한 후, 영국인이 상하이(上海)에 'Public Garden'을 세우고 이를 중국어로 '公园'으로 번역하면서, 공원이라는 개념이 중국에 알려졌다. 이때 세워진 중국 최초의 공원이 '와이탄(外滩) 공원'[1]이다. 1868년 재상하이 영국대사의 건의로 조성되어 'Public Garden'이라는 명칭을 붙였으며, 중국인들이 이곳을 '공가화원(公家花园)'이라 부르게 된 것이 오늘날 '공원(公園)'이라는 용어의 시초이다. 이를 우리나라도 그대로 수용하면서 이 용어와 개념이 정착하게 되었다.

우리나라 근대 공원의 출발

우리나라에서는 1876년 개국 이후 일본과 유럽 각국에 의해 근대 공원에 대한 개념이 처음 소개되었다. 개국 이후 일본인과 중국인, 러시아인, 그리고 미국인과 유럽인 들이 우리나라 곳곳에 거주하기 시작하면서 공원 조성이 본격화되었다. 그중 1890년대 초에 인천의 일본인 거류지 내에 조성된 동공원(東公園)[2]과 각국의 거류민들이 그들

1 현재는 '황푸공원(黃浦公园)'이라 부른다.

2 1889년 인천의 일본인 거류지 동남쪽 야산에 신사와 공원 부지로 매입한 장소가 동공원의 시초였다. 이곳에다 일본인들이 최초로 신사를 세웠는데, 해방 후 시민들이 파괴하고 한국전쟁이 나면서 신사 건물이 사라진 것으로 보고 있다(강신용, 장윤화, 『한국 근대 도시공원사』, 대왕사, 2004).

우리나라 최초의 근대 공원이라 할 수 있는 인천의 동공원(왼쪽)과 서공원(오른쪽). 서공원은 훗날 자유공원으로 이름이 바뀌었다. 초창기 공원의 시설과 풍경을 볼 수 있는 귀한 일제강점기 사진엽서 자료이다.

의 거류지 내에 조성한 자유공원(自由公園)[3]이 우리나라 근대 공원의 출발이라고 할 수 있다. 한편 1890년대 후반인 1897년에 우리 민족의 민간 정치·사회단체였던 독립협회는 서울에 독립문과 함께 독립공원을 조성하였고, 같은 해 영국인 고문 존 브라운(John McLeavy Brown, 1835~1926)이 설계했다는 파고다공원[4]이 세워졌다.

일제강점기에 조성된 초기 형태의 공원은 대부분 신사(神社) 창건과 관련이 깊다. 일제는 1900년대 초반부터 전국에 신사를 창건했는데, 신사 주변을 정비하고 꾸미면서 자연스럽게 약식 공원이 조성된 것이다. 대표적인 신사 공원은 서울의 남산공원, 인천의 동공원, 대구의 달성공원 등이다. 일제는 조선민중 황민화 정책의 일환으로 신

3 당시에는 각국의 거류민들이 운영하여 '만국공원(萬國公園)'으로 불리다가, 일본인들의 세력이 커진 1914년 각국 거류지를 철폐하면서 함께 공원 관리권이 인천부(仁川府)로 이관되자 그때부터는 '서공원(西公園)'으로 불렀다. 그 후 1957년 10월, 한국전쟁 때 인천상륙작전을 지휘한 미국의 맥아더 장군 동상을 이곳 응봉산 정상에 세우면서 '자유공원'으로 바꿔 부르게 되었다.

4 1897년에 조성된 한국 최초의 공원으로 추정한다. 그러나 정확한 준공 시기는 알 수 없으며 1899년 이후로 보는 견해도 있다(강신용, 장윤화, 앞의 책, 2004). 초창기에는 왕실 소유의 공원으로서 일반 시민의 이용을 제한했으며 현재는 '탑골공원'으로 부르고 있다.

(위) 일제강점기 서기산공원에 세워졌던 서기산충혼비. 일제강점기 사진엽서.
(아래) 현재 모란봉극장 자리에 1913년 세워졌던 평양의 신사.

사참배 등을 강요했기 때문에 이는 순수한 휴식 및 휴양 기능의 공원이라고 하기는 어렵다. 신사 공원은 '성스런 신궁'으로서의 의미가 커 일반인들이 접근을 꺼리던 공간이기도 했다.

평양에도 신사가 건립되고 공원들이 조성되었는데, 일제는 1919년 3월 서기산(瑞氣山)[5]에 군용지와 충혼비, 광장 등을 꾸미고 벚나무, 단풍나무 등을 심어 서기산공원을 조성하였다. 서기산은 해방 후 이름이 바뀌어 현재 '해방산(解放山)'으로 불리며, 예전에는 '추양대(秋陽臺)'로 불렸다. 이곳에 오르면 평양성을 두루 조망할 수 있어서 고구려 때부터 장대로 이용되었다.

서기산공원은 시설이 미비한 초창기 공원으로서 주변에 관청과 거주하는 일본인들이 많아 거의 일본인 공원으로 여겼다. 당시《동아

5 '상서로운 기운이 도는 산'이라는 뜻이다.

평양 최초의 공원인 서기산(해방산)공원이 있던 위치(왼쪽 하단 빨간색 원형). 인근에 김일성광장(가운데 빨간색 사각형)과 대동강 건너 주체사상탑(오른쪽 빨간색 사각형)이 보인다. 김일성 광장의 동쪽의 대동강변에는 대동문을 중심으로 1922년에 조성된 대동문공원이 있다.

일보》에는 나막신 끄는 소리가 시끄러운 서기산공원에는 야간에 전등이라도 밝히지만 조선 사람들이 공원으로 생각하고 이용하는 만수대는 전등 하나 없다고 불평하는 기사가 실리기도 하였다.[6]

서기산공원을 시초로, 1922년 대동문공원, 1924년 모란대공원, 그리고 1928년 분수와 원지(園池)[7]를 설치한 삼각공원 등이 평양의 초창기 공원이었다. 평양의 중구역 중심부에 있는 해방산(과거의 서기산)은 북한 최대의 도서관인 인민대학습당과 각종 기념식과 열병식이 개최되는 김일성광장과 바로 인접해 있다.

일제강점기에 조성된 초기 공원들은 현대식 공원과는 개념이 조금 다르다. 당시의 공원은 대규모 시설이나 볼거리를 조성한 것이 아니라 대부분 신사나 신궁 주변 일부 부지를 활용하여 오솔길을 내거나 벤치, 그네 또는 가로등 정도의 시설을 갖추고 약간의 꽃나무를 심은 것이 전부다. 그래도 당시의 젊은 연인들이 자주 찾는 장소였음은

6 〈平壤古蹟 公園〉, 《동아일보》, 1921년 9월 14일.

7 정원 안에 있는 못.

물론이다. 당시 잡지에는 기자가 평양의 서기산공원을 답사하고 은밀히 청춘 남녀의 사랑 행각을 묘사한 르포(reportage)가 실리기도 했다.[8] 1920년대 후반에 조성된 모란봉공원은 당시에도 벚꽃이 유명하여 벚꽃이 만개하는 봄철에는 혼잡을 피하기 위해 임시 파출소까지 설치했다니, 그 인기를 짐작할 수 있다.

---

8 〈平壤, 妓生의 平壤·牧師의 平壤〉,《별건곤》, 제15호, 1928년 8월 1일.

평양 도시와 공원의 역사

평양 공원의 시작

평양은 과거 고구려의 수도였을 뿐 아니라 자연경관이 빼어난 명승지로도 이름나 있다. 대동강과 부벽루, 을밀대와 최승대, 연광정과 대동문 등은 평양의 대표적인 명소였다. 조선시대에는 관서지방의 중심 도시였을 뿐 아니라 한양에 버금가는 명성을 누렸다. 이러한 자연적·역사적·문화적 배경을 가진 평양은 일제강점기에는 중국 대륙의 전

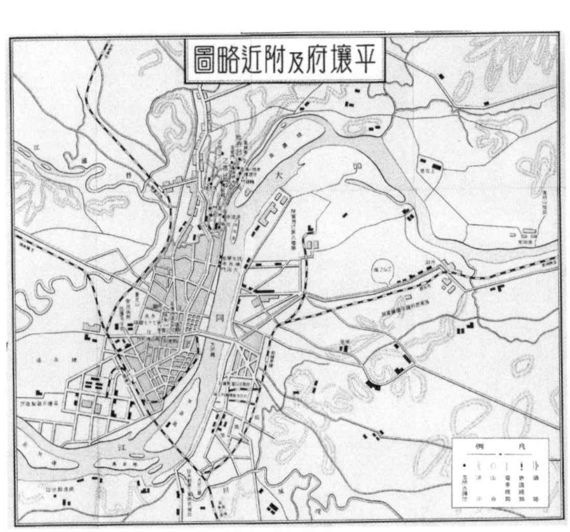

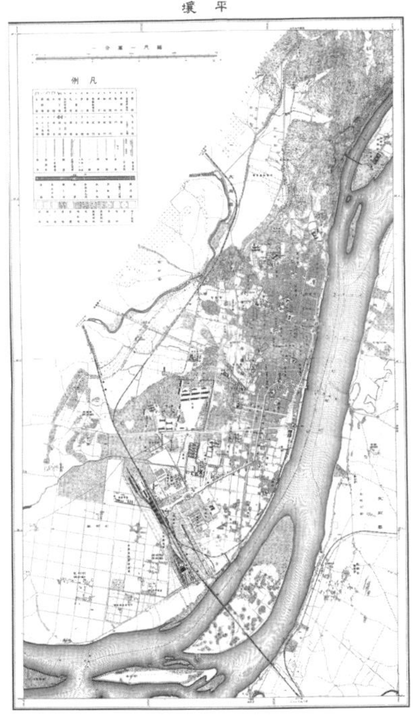

(왼쪽) 일제강점기 평양의 도시 구획을 살펴볼 수 있는 평양 지도(1935). 외성 지역과 대동강 동쪽에 일본 군사시설이 들어서 있는 것을 볼 수 있다.
(오른쪽) 1915년 평양 시가지 평면도.

진기지로서, 물류 자원의 중심지로서 중요한 역할을 하였다.

조선시대에 내성, 외성, 중성 등의 위치와 지형을 중심으로 조성되었던 평양의 도시 구획은 러일전쟁 중 일본 군대가 1906년에 평양의 외성을 가로지르는 경의선 철도를 개통하면서 변화했다. 일제강점기 평양의 도시 구조는 경의선 철도 부설로 중요한 계기를 맞는데, 평양 도심은 경의선을 중심으로 북동쪽 구시가지와 남서쪽 신시가지로 나뉘게 된다.

남서쪽의 신시가지(현재의 평천구역)는 과거 평양 외성의 田자 형태의 구조를 수용하여 격자형 도시 구조를 유지하고 주로 일본인이 거주하며 새롭게 신도심을 형성하였다. 반면에 경의선의 동쪽(현재의 중구역)은 새로운 구획과 가로가 형성되었다. 또 조선시대에는 대동강의 서편(현재의 모란봉구역, 중구역, 평천구역, 보통강구역 등)을 중심으로 도심이 발달했다면, 일제강점기에는 대동강 서쪽뿐 아니라 동쪽(현재의 대동강구역, 동대원구역, 선교구역 등)도 함께 발전하였다. 여기에는 경의선 철도와 대동강 동쪽에 조성된 비행장을 포함한 일본군의 군사시설, 그리고 강동군의 탄광 등이 중요한 역할을 했다. 해방 후에는 대동강을 중심으로 도시의 가로축이 서평양에서 동평양으로 확장·연결되는 도시계획이 시행되었다.

일제강점기를 겪으면서 많은 부분 훼손된 평양은 해방 후부터 건설이 본격화되었다. 평양의 도시 기반 시설은 대부분 해방 후부터 1960년대에 집중적으로 건설되었다. 녹화 사업과 함께 시작된 평양의 공원 조성도 이런 도시계획과 건설의 일환으로 추진되었다.

1940년대부터 1960년대까지는 경관이 빼어난 기존 명승지 주변의 주요 공간에 공원을 조성한 반면, 1970년대부터 2000년 까지는 놀이시설을 갖춘 유희장 건설에 주력하였다. 김정은이 집권한

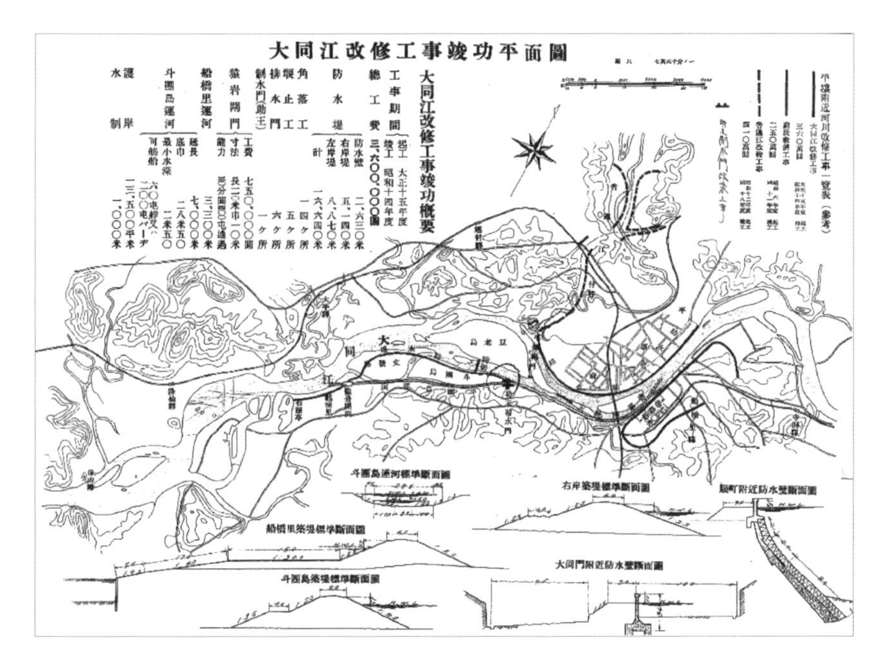

일제강점기 대동강과 보통강의 개수공사 준공 평면도. 보통강 개수공사(1937~1943)는 대동강 개수공사(1926~1939)보다 나중에 시행했다. 약 10여 년에 걸쳐 시행된 대동강 개수공사는 주로 본평양과 동평양, 그리고 현재 락랑구역의 대동강변 호안 제방 조성이었다.

2010년부터는 최신 놀이시설과 오락시설, 그리고 체육시설을 갖춘 유원지를 조성하여 공원과 유원지가 다양한 기능과 동적인 공간으로 꾸며졌다. 일제강점기 이후부터 최근까지 평양의 도시 건설과 공원(유원지) 조성 현황을 시기별로 살펴보자.

평양 공원의 발전

북조선 수도의 출발, 1940년대

일제의 탄압에서 벗어난 북한은 일제에 의해 파괴된 평양을 회복하고 수도로 내세우기 위해 애를 썼다. 북한은 해방 후 '인민 대중을 위한 도시건설'이라는 기치를 내세우며 평양 건설을 추진하였다. 즉 인민 대중들이 요구하는 다양한 사항들을 '합리적으로 배치'하는 것이야말로 진정 인민을 위하는 새로운 사회임을 표방한 것이다. 이를 위해 각종 조직과 구체적 도시 건설 계획을 수립하였는데, 1945년 9월에는 건설 기술자들을 모아 '평양시 시공단'을 조직하여 보통강 개수공사 설계, 의학대학 병원 및 각종 청사 보수 설계를 진행하였다. 그 후 이 조직은 '평양시 인민위원회 도시경영부 토목과', '평양시 설계사무소', '북조선 인민위원회 도시경영국 설계처', '조선민주주의 인민공화국 도시경영성 설계관리처' 등으로 조직명이 바뀌면서 평양의 모든 건축물과 토목공사의 설계와 시공을 도맡았다.

해방 후 수도 평양 건설의 출발점은 자주 범람하여 평양 주민들에게 막대한 피해를 입혔던 보통강 개수공사였다. 평양은 예전부터 물난리가 자주 일어났는데, "서경에 큰물이 나서 물에 떠내려간 민가가 80여 호가 되었다"라는 『고려사』의 기록(현종 17년)에서부터 "비가 한 자 일곱 치가 내려 평양의 대동강과 보통강이 범람하였다(「순조실록」, 1827년(순조 27년) 6월21일)" 등 『조선왕조실록』의 기록이 이를 말해주고 있다. 평양의 주요 수원(水源)인 대동강과 보통강의 범람은 평양 시내의 해발고도가 대부분 10여 미터 내외로 지대가 낮고, 밀물의 영향으로 시내 일부 지역까지 퇴적 지대가 형성된 지형적 특징과도 관련이 있다. 일제강점기에도 홍수 방지를 위해 보통강 개수공사 사업을 벌였으나 큰 성과는 내지 못하였다.

'평양 건설의 첫 봉화'로 시작된 보통강 개수공사는 해방 이듬해인 1946년 5월 21일 착공식을 거행하면서 시작되었다. 이 개수공사는 새 수로를 건설하는 1단계 사업과 제방을 높이고 준설 작업을 하

보통강 개수공사의 시작을 알리며 첫 삽을 뜨는 김일성(1946년 5월 21일).

는 2단계 사업으로 구분하여 실시되었다. 1단계 사업에서는 북에서 남으로 굽이굽이 휘돌며 흐르는 보통강 물줄기를 북에서 남으로 곧장 흘러 대동강에 합수(合水)하도록 수로를 변경하였다. 일단 새 수로를 조성한 다음, 약 2km에 달하는 강의 양쪽을 다지고 강바닥을 깊이 파내는 2단계 공사를 밤낮으로 실시하여 완성하였다.

해방 후 보통강 개수공사는 평양 시민들이 홍수로 피해를 입지 않도록 보호한 사업이자 새로운 사회주의 수도 평양 건설의 출발점이 되었다. 북한에서는 김일성이 보통강 개수공사에서 첫 삽을 뜬 1946년 5월 21일을 '건설자절'로 제정하여 매년 기념하고 있다(「부록」의 '북한의 기념일' 참조). 보통강 개수공사는 보통강유원지 조성의 기초이기도 하다. 북한은 보통강 개수공사를 "우리나라에서 처음으로 시도된 대자연 개조사업"으로 자평하면서 1970년에는 수로를 개통한 시작 지점인 보통강구역 락원동 봉화산 기슭에 '보통강 개수공사 기념탑'을 세워 혁명사적지로 떠받들고 있다.

한편 김일성은 해방 후 평양을 혁명의 중심지, 정치와 경제·문화의 중심지로 꾸미고자 노력하였다. 이를 위해 1946년 9월에는 북조선인민위원회에서 〈평양시 특별시정에 관한 결정서〉를 채택하고 평양시를 평안남도에서 분리해 특별시로 정하였다. 또 일제강점기에 훼손된 평양을 새롭게 재건하기 위해 1946년에 발족한 북조선 건축가동맹, 북조선 건축위원회, 북조선 건축공업 등 전문적인 조직을 만들었다. 아울러 김일성종합대학에 건축공학과를 개설하여 평양 건설의 기본 체계를 갖추기 시작하였다. 이들 조직을 기반으로 북한은 해방

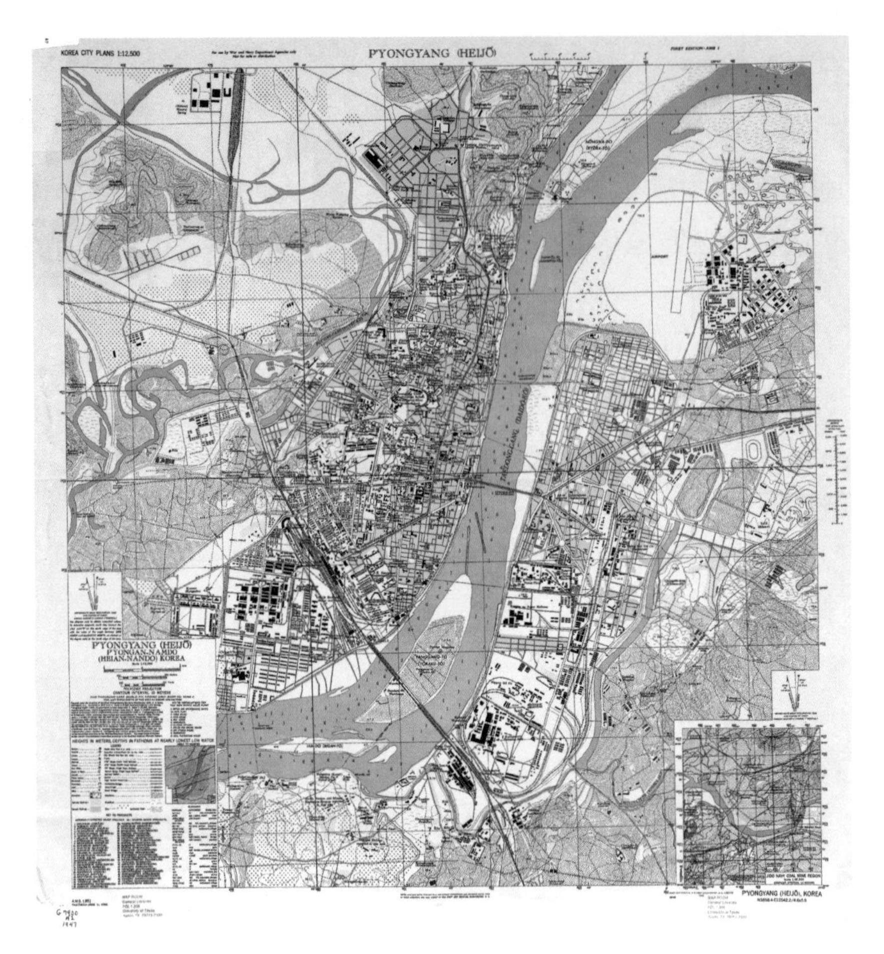

해방 직후 미군이 작성한 평양 시가 지도(1946).

후 대중들이 집회와 문화 행사를 치를 수 있는 광장과 김일성대학 등과 같은 교육시설, 중앙종합병원 등의 의료시설, 그리고 모란봉극장 같은 문화시설 등을 도시의 중심부에 중점적으로 배치하였다.

이처럼 해방 후 북한은 평양이 수도의 면모를 갖출 수 있도록 각종 도시 건설 계획을 수립하였다. 우선 평양 중심부에 주요 거리를 닦고, 주택과 공공건물, 산업시설과 기념탑 등을 건설하였다. 아울러 도시의 원림(園林)[9] 조성 사업을 실시하여 새로운 공원과 유원지를 건설하였다. 이 사업은 한국전쟁으로 잠시 중단되었지만 이후에 본격적으로 재개된다.

새로운 도시 건설에는 공공건물과 산업시설 건설 뿐 아니라 집중적인 녹화 사업도 포함된다. 1947년 3월에 북조선인민위원회는 〈식수주간에 관한 결정서〉를 채택하고 범국민적인 조림 사업을 실시하여 도시 원림 사업의 밑바탕을 닦았다. 이를 계기로 모란봉 일대와 보통강 주변, 문수봉과 만수대 언덕, 그리고 대동강변과 평양해방공원 등에 수십 만 그루의 나무를 심었다.

아울러 공원과 유원지 사업도 시작하였는데, 대동강에 인접하여 예부터 명승지였던 모란봉지역이 먼저 개발되었다. 1946년에는 일제강점기에 건립되었던 신사를 철거하고 그곳에 모란봉극장을 세우면서 주변에 분수와 정자, 야외극장과 식당 등을 조성하였다. 또 1947년에는 청류정, 을밀대, 부벽루 등을 아우르는 문화휴식공원구역, 해방탑 서남쪽의 모란봉 입구인 아동공원구역, 김일성경기장 부근의 동·식물원 등으로 구성된 모란봉공원을 완공하였다. 모란봉공원은 모란봉 주변의 자연경관을 최대한 살려 자연 속에서 휴식과 여가 활동을 즐길 수 있도록 꾸민 공원으로, 해방 후 평양지역 공원 조성의 시발점이라 할 수 있다.

1949년부터는 공원 건설 사업이 본격적으로 추진되었는데, 대표적인 곳이 동평양에 계획된 평양해방공원과 대동강가에 계획된 대동강유보도 건설이다. 평양해방공원은 지금의 주체사상탑이 세워진

9 주로 궁궐의 후원이나 사대부들의 별서(別墅, 전원이나 산속, 물가 등 경치가 좋은 곳에 따로 지은 집), 또는 정원을 지칭하는 용어로 쓰지만, 북한에서는 나무와 풀을 심어 시민들의 휴식과 환경보호를 위해 가꾼 녹지 등을 뜻한다.

동대원구역 강변 주변의 부지에 계획한 공원으로 부지 중앙에 김일성 동상을 세우고 야외극장과 야외무도장, 뱃놀이장, 분수 등 각종 오락 시설을 건설할 계획으로 1950년 5월에 착공하였으나 한국전쟁으로 건설이 중단되었다. 한편 일제강점기에 화물적치장으로도 이용했던 대동강변을 정비하여 대동강유보도를 건설하였다. 부벽루 아래쪽에서부터 시작하여 남쪽 대동강변을 따라 폭 7m, 총 길이 1km를 아스팔트로 포장하고 소나무와 수양버들, 단풍나무 등을 식재한 산책 공원이었다.

이 시기에 건설된 공원과 유원지는 단순히 휴식을 위한 장소가 아니라 사상 교육의 중심지 역할을 하였다. 공원이나 유원지, 또는 각종 기념물 주변에 김일성의 동상과 게시판을 조성하여 사상 교육의 장으로 이용했던 것이다. 또 공원 안에 극장, 영화관, 군중무도장, 체육오락장, 식당 등과 같은 문화시설을 건설하였다. 모란봉공원에는 모란봉극장이 함께 있어 많은 사람들이 공원을 이용하였다. 또 추가되는 공원 건설 경비를 절감하고, 동시에 본래의 수려한 자연경관을 즐길 수 있도록 명승지 주변에 공원과 유원지를 조성하였는데, 당시 대표적인 공원이 모란봉공원, 문수봉공원, 대동강유보도 등이다.

전쟁 후 복구의 시기, 1950년대

새롭게 시작된 북한의 도시 건설은 이 시기 한국전쟁으로 많은 부분 중단되었다. 평양은 한국전쟁 중에 폭격으로 인해 대부분 폐허가 되었다. 북한의 기록을 보면, 전쟁 중에 파괴된 평양의 주요 건물은 공장 328곳, 학교 99곳, 문화기관 29곳, 보건기관 94곳, 상업기관 194곳, 살림집 63,684호 등이었다. 평양 시내의 주요 건물 대부분이 파손되었다고 해도 과언이 아니다. 폭격 후 촬영한 항공사진이 이러한 실상을 잘 보여준다.

한국전쟁 직후에는 도시의 복구가 최우선 과제였지만 그 과정은 쉽지 않았다. 북한은 폭격으로 엄청난 피해를 입은 평양을 복구하기 위해 시민을 위한 주택 건설(살림집)을 우선적으로 추진하였다. 전쟁 중이었기 때문에 주택들은 반지하나 지하에 조성했으며, 대피호와 방공호도 함께 건설하였다.

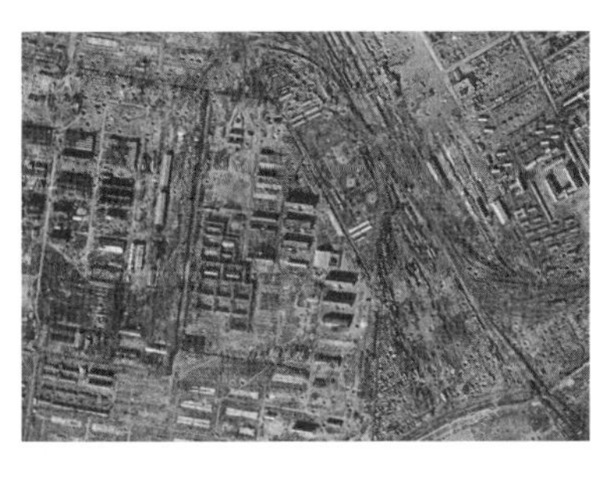
1951년 평양역 주변 항공사진. 역사(驛舍) 주변에 무수한 포탄 자국이 남아 있어 한국전쟁 당시 평양 폭격이 얼마나 심했는지 알 수 있다.

전쟁 중이던 1952년에는 전쟁 피해를 본 평양시를 복구하기 위한 〈평양시복구건설총계획도〉가 최종 완성되었는데, 이 계획도에는 평양시의 주요 구획과 용도별 지구 계획이 구분되어 있다. 구체적으로는 대동강과 대동로를 기본으로 하는 교통망 건설과 남산재[10] 앞에 김일성광장을 조성하는 계획, 그리고 대동강과 보통강 주변과 주요 도로변에 현대식 고층 건물과 주택을 배치하는 계획을 수립하였다. 산업단지는 주택지구와 떨어진 대동강 하류 쪽에 배치하는 것으로 계획하였다.

1953년 7월 한국전쟁이 끝남과 동시에 북한은 평양시복구위원회를 결성하여 평양 재건을 추진하였다. 특히 다른 도시들보다 평양을 우선적으로 복구하기 위한 구체적 대책을 마련하였다. 그해 북한은 〈평양시 복구 재건에 관하여〉라는 내각 결정 제125호를 채택해 첫째, 평양의 역사적 도시라는 기본 틀 유지, 둘째, 과거 일제의 잔재 청산, 셋째, 인민을 위한 현대적 도시 건설, 그리고 넷째, 대동강을 도시

10 해발 약 35m에 달하는 언덕으로 '남산(南山)'이라고도 불린다. 현재 평양시 중구역 중성동에 있으며, 인민대학습당이 자리해 있다.

구성축으로 설정 등의 기본 방침을 정했다. 또 도시 건설을 위해 필요한 인재를 양성하기 위해 평양건설건재대학[11] 등 교육기관과 중앙설계연구소, 중앙표준설계연구소 등과 같은 실무 부처를 만들었다. 그뿐만 아니라 1954년 1월부터는 평양시의 지형 측량과 지질조사도 시행해 본격적으로 평양 복구 사업을 시작하였다.

평양의 전후 복구 사업과 도시 재건은 평양시 중심부에서부터 시작되었다. 김일성은 평양 도심을 우선 복구하고 임시 건물들은 외곽에 설립하도록 지시하였다. 평양은 서울처럼 지역 단위가 아니라 거리와 광장 중심으로 개발을 진행하였다. 평양의 중심부에는 주요 광장인 중앙광장(현재의 김일성광장), 서평양광장(현재의 개선문광장) 등과 승리거리, 영광거리 등의 대로를 건설하였다. 광장 주변에는 주요 건물과 고층 빌딩 들이 들어섰다.

이처럼 평양 시내 중앙에서 시작된 건설 작업을 북한에서는 "도시의 모든 구성요소와 구성단위 들을 중심부에 복종시켜 도시 형성의 통일성과 조화성을 보장할 수 있는 전제가 마련되었다"고 표현한다.

1954년에 완공된 김일성광장은 면적이 약 0.7km²에 달하며, 광장의 정면부에는 주석단이, 그리고 광장의 남쪽과 북쪽에는 종합청사 1호와 2호가 배치되었다. 현재는 주석단 좌우로 외무성과 내각사무

11 현재는 '평양건축종합대학'으로 불린다. 1953년 10월 1일에 김책공업대학의 건설공학부에서 분리되어 신설되었을 당시부터 2011년까지는 '평양건설건재대학'으로 불렸으며, 전후 평양의 복구와 도시 건설에 중추적인 역할을 수행하였다. 2012년에 건설 부문의 종합적인 인재 양성을 위해 '평양건축종합대학'으로 승격되었다. 김정은이 명예총장으로 있는 이 대학은 북한의 건설, 국토 관리, 건축과 환경보호 분야에서 최고의 대학이다. 김정은은 60여 년의 역사를 가진 이 대학을 '주체적 건축 인재 양성의 거점이며 사회주의 문명국 건설의 전초기지'라고 추켜세웠다. 최근에 조성된 평양시 려명거리의 주요 건축물들도 이 대학에서 설계하였다고 한다. 건설 부분에서 김정은의 신임을 받는 마원춘 국무위원회 설계국장도 바로 이 대학 출신이다.

국, 농업성과 무역성, 조선중앙력사박물관과 조선미술관 등이 마주보며 자리해 있다. 이 광장은 후면부(서쪽)에 위치한 주석단을 중심으로 주요 정부 건물들을 좌우 대칭으로 배치하여 마치 유럽의 신전 건축 같은 웅장함을 표현하고자 하였다. 김정일이 『건축예술론』(1991)에서 "기념비적인 건축물은 중심부에 배치하여 웅장함과 정중함, 그리고 유구함을 강조해야 한다"고 주장했던 바로 그 사례가 바로 김일성광장이라고 할 수 있다. 우리나라의 북한 관련 TV 뉴스에 자주 등장하는 북한군 열병식이나 집회 장소가 바로 김일성광장이다. 김일성광장은 대동강변까지 연결되고, 강 건너 주체사상탑과 한 축을 이뤄 평양 경관의 중심을 연출해내고 있다.

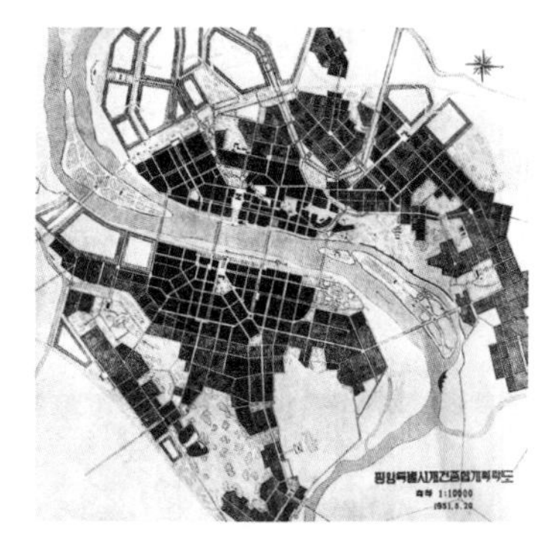

1951년에 작성된 평양시복구건설총계획도.

한국전쟁 중에는 수많은 주택과 시설은 물론 공원과 유원지도 파괴되었다. 1951년 1월 김일성은 도시설계 일꾼들과 실시한 담화 〈전후 평양시 복구 건설 총계획도를 작성할 데 대하여〉에서 "평양에는 공원과 유원지를 꾸밀 수 있는 경치 좋은 곳이 많다. …… 대동강변을 정비하여 유보도를 만들고, 보통강 주변도 유원지로 조성하고 보트장과 휴식터를 건설해야 한다. 또한 대성산, 모란봉, 만수대, 남산, 해방산, 창광산 등과 같은 경치 좋은 산에 공원 조성계획을 수립하고 시내 곳곳에도 작은 공원을 조성해야 한다"고 하며 파괴된 도시 복구 건설 사업 외에도 공원과 유원지 건설에도 많은 관심을 보였다. 그 결과, 1951년 5월경에는 〈평양시복구건설총계획도〉를 작성하고 이에 따라 도로와 주택 건설, 공원과 유원지 건설 계획이 수립되었다.

한국전쟁 중에 약 60%가량 파괴되었던 평양의 녹지와 원림시

주체사상탑에서 내려다본 김일성광장. 주체사상탑과 김일성광장을 잇는 경관축은 평양의 중심축이다. 사진 오른쪽의 피라미드 형태 건물이 북한 최대의 호텔인 류경호텔이다.

설의 경우 조림 사업을 통해 단기간 내에 도시를 녹화(綠化)하는 것이 중요한 과제였다. 전쟁 후 김일성은 도시 건설에서 녹지의 중요성을 강조하고, 녹지를 복구해 도시 녹지 체계를 정비하도록 지시하였다. 원림 복구를 위해서 평양시의 능라도와 임흥에 24ha(헥타르) 크기의 양묘장을 건설하고, 이 양묘장[12]에서 평양 시내의 주요 공원과 유원지, 그리고 여러 곳에 심을 은행나무, 버드나무, 오동나무, 단풍나무 등 30여 종의 나무를 길러냈다. 대대적인 녹화와 원림 복구 사업으로 전쟁 후 4년간(1953~1956) 평양 시내에 식재된 나무는 총 460만 그루에 달했다. 아울러 공원과 유원지 안에 있는 시설물도 수리하였다.

녹화 사업은 유적지를 중심으로 우선 실시하면서 주택이나 공공건물 주변으로 확장하였고 놀이시설 설치도 병행하였다. 이러한 사업에는 학생과 시민, 정부 기관원 등이 총동원되었다. 녹화 사업 외에도

---

12 식물의 씨앗이나 모종, 묘목 따위를 심어서 기르는 곳. '종묘장'이라고도 한다.

1955년 해방 10주년을 맞아 전쟁 중 파괴된 모란봉공원을 정비하고 모란봉청년공원, 해방산공원, 창광산공원 등을 건설하였다. 모란봉청년공원은 1959년 5월에 모란봉 서남쪽 기슭에 완공된 공원으로 모란봉공원에 인접해 있으며, 공원 구역 내에는 1946년에 세운 모란봉극장이 들어서 있다. 산림의 자연 풍치를 위주로 구성된 모란봉공원과 달리 모란봉청년공원은 경상동 계곡을 중심으로 한 문화 휴식 공원으로 조성하였다.

또 류성아동공원, 개선아동공원같이 놀이시설을 갖춘 아동공원을 조성하였는데, 특히 류성아동공원에는 녹화 사업뿐 아니라 어린이들을 위한 문화·체육시설로 농구장과 배구장, 야외샤워장과 야외음악당 등을 설치하였다. 공원과 함께 유원지도 건설하였는데, 보통강유원지, 대동강유원지, 대성산유원지 등이 1950년대 후반에 건설된 대표적인 유원지이다. 이들 유원지는 평양의 가장 중요한 지리적 위치를 차지하고 있는 강과 산을 중심으로 기존의 강변을 정비하고 숲 속에 순환도로를 건설하며 연못을 조성하는 등 기존의 입지 환경을 최대한 활용해 조성하였다.

또 동시에 진행된 문화유적 복구 사업의 일환으로 1954년부터 1956년까지 대동문, 연광정, 을밀대, 최승대, 청류정, 보통문, 칠성문 등 전쟁 중에 파괴된 건축 문화유적을 복구하고 그 주변과 유보도를 정비하였다.

이 시기의 공원과 유원지 계획과 건설에서 몇 가지 특징을 살펴볼 수 있다. 우선 전쟁 중 파괴된 도시의 녹화 사업에 집중하였고, 파괴된 문화유적을 복구하고 명승지 주변을 정비하였다. 평양의 대표 유적인 대동문, 보통문, 연광정, 을밀대, 부벽루 등이 이때 복구되었다. 또 도시 중심부에 각종 시설물이 포함된 대규모 공원을 조성하였다. 야외극장, 기념탑, 폭포, 화단, 연못, 정자, 분수 등 다양한 놀이시설 및 휴게시설을 갖춘 모란봉청년공원이 대표적인 사례라고 할 수 있다. 그 외에도 기존 입지 환경을 최대한 살린 유원지와 각종 체육시설과 문화시설을 갖춘 아동공원을 만들고, 산업시설이나 공장에도 소공원을 조성한 것 등이 특징이라고 할 수 있다.

사회주의 건설의 시작, 1960년대

1960년대는 북한이 사회주의를 본격적으로 표방하면서 건설을 시작한 초기라고 할 수 있다. 전후 복구 작업이 어느 정도 끝난 다음, 북한은 1957년부터 1961년까지 5개년 계획을 세워 사회주의 건설의 기본틀을 만들었다. 한국전쟁으로 평양시가 파괴된 것이 오히려 김일성의 사회주의 건설 계획에 유리하게 작용했을 가능성도 배제할 수 없다. 김일성은 '평양은 조선인민의 심장이며 사회주의 조국의 수도이자 우리 혁명의 발원지'라고 할 만큼 평양을 각별하게 여겼다.

북한은 새로운 사회주의 건설 사업으로 우선 주택과 학교, 병원과 공장, 문화시설 등을 집중적으로 건설하였는데, 이때 조립식으로 건물을 짓는 새로운 공법을 도입하였다. 또 도시 중앙에 주요 거리를 조성하여 중심축으로 활용하고 가로변에 주택을 건설하였다.

시민을 위한 주택 건설도 이 시기에 활발했는데, 주택지구에는 주택과 녹지, 학교와 탁아소, 식당 등이 함께 계획되었다. 이러한 주택은 지금 우리의 아파트 단지를 연상케 한다. 살림집 구획(주거단지)은 살림집 소구역으로 세분되기도 하였다. 살림집 소구역은 대지 약 23ha에 주택과 같은 생활공간뿐 아니라 학교, 탁아소, 세탁소, 식당, 소공원, 녹지 등을 배치하여 공동생활을 할 수 있게 꾸몄다.

전후 복구 사업이 어느 정도 진척된 1950년대 후반과 1960년대부터 평양에서는 공원과 유원지 건설 작업이 속도를 내었다. 1959년 6월에는 〈도시 원림화사업을 개선 강화할 데 대하여〉를 내각 결정 제48호로 채택하고, 〈원림 건설 계획도〉를 작성하였다. 평양시의 만경대, 모란봉, 대성산, 능라도, 대취섬, 양각도, 쑥섬, 아미산, 대동강, 보통강유원지 등의 원림 건설 계획도를 완성하고 모란봉, 대성산, 창광산, 만수대 등지에 식수, 그리고 양묘장과 화포전(花圃田)[13]을 조성하자는 내용이었다.

이 시기에 조성된 공원으로는 동평양강안공원[14] 등이 대표적이다. 동평양강안공원은 옥류교와 대동교 사이 대동강 동편 강안의 약 40ha에 달하는 장방형 부지에 1960년 8월 준공되었다. 현재는 1982년에 건립된 주체사상탑이 인접해 있다. 이 시기에는 모란봉 청년공원이나 동평양강안공원 외에도 외성아동공원, 해방산공원, 남산공원, 창광산공원 같은 소공원도 함께 건설하였다. 이들 소공원 중에 아동공원은 중앙에 넓은 운동장과 놀이터를 배치하고 중간중간에 녹음수(綠陰樹)[15]를 심어서 쉼터로 이용할 수 있도록 했다.

아울러 평양시에는 1957년부터 1960년까지 총 330만 그루의 나무를 식재하였는데, 낙엽활엽수 등을 공원과 유원지, 간선도로 주변, 시설물 주변에 집중적으로 심었다. 그 결과 모란봉청년공원, 해방산공원, 동평양강안공원, 보통강유원지, 대동강유원지, 대성산유원지 등 총 2천여 헥타르의 원림 녹지가 조성되었다고 한다.

1960년대 들어 공원과 유원지 사업이 적극 추진된 데는 김일성

13 주로 꽃모를 가꾸는 밭의 북한말.

14 현재 '강안연못공원'으로도 불린다.

15 가지와 잎이 무성하여 여름철의 강한 햇빛을 가릴 목적으로 심는 나무. 대부분 낙엽활엽교목류를 사용한다.

의 지시가 큰 역할을 하였다. 김일성은 1962년 도인민위원회 위원장 협의회의 〈도시경영사업을 강화할 데 대하여〉라는 연설에서 '공원과 유원지 건설'을 강조하였다. 그는 이 연설에서 "공원과 유원지를 잘 꾸려야 합니다. 공원과 유원지는 자연에 대한 산지식을 주며 그들에게 자기 조국과 향토를 사랑하는 정신을 길러주는 훌륭한 학교로도 됩니다. 인민들은 잘 꾸려진 공원과 동물원, 식물원에서 흥겹게 휴식하면서 우리나라에 어떤 동물과 식물 들이 있는가를 실물을 통해 배울 수 있으며, 그 과정에 자기 나라의 자연과 향토를 사랑하는 마음을 키우게 될 것입니다"라고 하며 공원과 유원지 건설을 지시하였다. 그 결과 1960년대 초부터 원산 송도원, 남포 와우도 등 지방 도시에서는 새로운 대규모 공원과 유원지가 조성되기 시작하였다. 평양에서는 새로운 공원 건설뿐 아니라 기존의 공원과 유원지를 새롭게 정비하거나 확장하는 사업이 활발히 진행되었다.

대성산유원지 확장도 그중 하나이다. 안학궁의 배후 산인 대성산에는 둘레 7.2km나 되는 고구려시대의 산성 유적이 있다. 이 대성산을 중심으로 유람도로를 건설하고 소문봉, 장수봉 등의 봉우리에 정자를 지었으며, 입구에는 동물원과 식물원, 그리고 오락시설을 설치하여 유원지 모습을 갖추었다.

이 시기에는 기존의 공원들을 새롭게 확장·정비하여 도시 곳곳에 조성된 대규모 공원들이 도시 녹지 체계의 근간이 되었다는 점이 특징이다. 또 공원과 유원지가 단순히 휴식 장소로서의 기능뿐 아니라 사회주의 사상을 함양하는 장소, 그리고 자생 동 식물을 보고 배울 수 있는 교육적 공간으로 기능을 확장한 것이 눈에 띈다. 여기에는 공원이나 유원지 내에 조성된 동물원과 식물원이 주요한 역할을 하였다. 또 다른 특징으로는 공원을 자연스럽게 꾸미고, '동방식' 공원[16] 양식을 도입하고자 노력하였다는 점을 들 수 있다. 예를 들면 자연 정취를 느낄 수 있도록 폭포와 연못 등을 조성하고 정자와 누각 등 여러 전통 요소를 공원에 배치한 것이 그 예이다. 그 외에도 이용객들의 접근성을 고려하여 공원을 설계한 점도 특징으로 꼽을 수 있다. 공원 입구를 간선도로와 직접 연결해 단시간에 공원의 중심부에 도달할 수 있도록 공간을 계획하였다. 끝으로 공원 내 식재 수법을 도입한 점도 특기할 만하다. 꽃나무를 집중적으로 모아 심어 화사한 분위기를 연출하거나 같은 수종을 군식(群植)[17]하기도 하고 1년생 초화류(草花類)[18]로 화단을 조성하는 등 여러 방법을 이 시기에 적극 시도하였다.

사회주의 건설의 전성기, 1970년대

1970년대 북한은 사회주의 경제 건설에 총력을 기울이기 시작했으며, 건축과 건설에서도 전성기를 맞이하였다. 특히 이즈음에 남북대화가 시작되면서 북한은 건설 사업에 더욱 힘을 쏟았다. 북한에서는 이 시기를 '사회주의 투쟁시기'라 부른다. 인민문화궁전, 조선혁명박물관, 조선해방전쟁승리기념관, 만수대예술극장 등 기념비적인 건축물들도 이 시기에 건립하였다. 이때 북한에서는 '우리식 건축 예술'

---

16 '동방식 공원'이란 '서양식 공원'의 상대적 개념으로, 우리나라에서는 보통 '동양식 공원', 또는 '동양식 정원'이라고 표현한다. 이러한 양식과 용어가 등장한 것은 1965년 5월에 원산의 송도원유원지를 방문한 김일성이 "연못 안에 동산도 만들고 못 주변에 창포를 심어 가꾸는 것이 동방식 공원 형태"라고 말한 것에서 유래했다고 할 수 있다. 이후 이 '동방식 공원'이라는 용어는 '조선식 공원'이라는 개념과 함께 공원 조성의 새로운 양식으로 등장하게 되었다(본문 내 「평양의 도시 특성과 공원의 의미」 중 '조선식 공원, 우리식 공원' 참조).

17 북한에서는 '뭉치식 나무심기'라고 표현한다.

18 아름다운 꽃이 피는 풀.

1970년대 후반에 조성된 대성산유희장은 대성산 기슭의 숲속에 자리 잡고 있다. 멀리 롤러코스터 트랙이 보인다.

과 '우리식 건축 창조'를 강조하여 건축을 주체사상의 위업을 실현하는 하나의 방편으로 삼았다. 같은 맥락에서 공원과 유원지 조성에도 '우리식', '조선식' 요소와 공간들을 적극 도입하였다. 건설 사업의 하나인 공원과 유원지 건설에서도 동방식, 우리식을 한층 강조하였는데, 이것은 1960년대와 1970년대에 공사 중이던 원산의 송도원유원지와 안주 칠성공원 공사 현장을 방문하고 내린 김일성의 지시가 결정적 계기가 되었다.

1970년대부터는 공원과 유원지의 규모가 커졌으며, 특히 평양에서는 현대적 놀이기구와 설비 등을 도입해 유희장(遊戱場)[19]을 새롭게 조성하였다. 이 시기에 조성된 공원으로는 대성산유희장이 대표적이다.

1977년 평양 북서쪽 대성산 기슭의 약 8ha 넓은 부지에 건설된 대성산유희장은 대성산성 남문 주변에 각종 시설물과 놀이기구를 설치한 놀이공원으로 북한 '최초의 현대적이고 대규모적인 유희장'이다. 사회주의 이념에 따라 인민의 휴식을 위해 조성한 최초의 공원이라 할 수 있다. 이곳 유희장은 보트장, 수영장을 비롯하여 그네터, 활터, 씨름터 등과 관성열차[20], 케이블카 등의 시설을 갖추고 있다.

건설 사업에 총력을 기울였던 1970년대에 조성된 공원과 유원지의 특징은, 조성 방식에 동방식 · 조선식 양식을 적극 도입하였다는 점이다. 산수풍경식 원림 조성 수법이 보급되고, 자생하는 토종 식물

19 여러 놀이시설을 갖춘 곳으로 우리나라의 놀이공원과 비슷하다고 할 수 있다.
20 궤도열차, 또는 롤러코스터를 뜻하는 북한말.

과 기암괴석 등을 공원의 주요 요소로 활용하였다. 그야말로 전통적인 조경 양식에 적극적으로 눈을 돌린 시기라고 할 수 있다. 북한에서는 이것을 '전통적인 원림 조성수법과 현대적 특성이 결합된 우리식 공원'이라 평하고, 더 나아가 '원림조성의 새로운 발전 단계'라고 특징짓는다. 또 다른 특징은 대규모의 공원과 유원지 건설이 시작된 점이다. 1970년대에 북한은 대규모의 기념비적 건축물 건립, 거리 현대화, 지하철 개통 등 도심을 확장하였으며 인구가 늘어남에 따라 평양의 공원과 유원지의 규모도 커졌다.

국제적 도시로의 발돋움, 1980년대

1980년대에 들어서 평양은 도시 확장과 국제도시화가 주요 개발 목표가 되었다. 도심에 초고층 아파트를 건설하고 새로운 주거지역을 개발하였다. 또 '공원 속의 도시, 평양'을 슬로건으로 내세우며 도시 전체의 녹지 확충에 노력하고 공원과 유원지에도 국제 수준에 걸맞은 문화 및 편의 시설을 도입하기 시작하였다. 이 시기에는 막대한 자금을 들여 평양 시내에 밤낮으로 공사를 강행하여 인민대학습당, 실내 스케이트장, 평양제1백화점, 높이 170m의 주체사상탑[21], 높이 60m의 개선문 등을 건설하였다. 인민을 위한 문화 및 위락 시설도 건설하였는데, 대표적인 것이 만경대유희장과 개선청년공원이다.

만경대유희장은 대성산유희장보다 약 5년 뒤인 1982년에 건설하였으며, 대성산유희장보다 약 10배가 큰 79ha의 부지에 각종 놀이

21 김일성의 70회 생일에 맞추어 1982년 4월 15일에 완공한 주체사상탑은 동대원구역 대동교와 옥류교 사이에 있다. 화강암으로 만든 높이 170m의 이 탑은 엘리베이터로 150m까지 올라갈 수 있으며, 그곳에서 평양 시내를 조망할 수 있다고 한다. 최상부는 불꽃 모양의 붉은색 봉화 형태로 장식하여 밤에도 불을 비춘다.

1982년 김일성의 70회 생일을 맞아 건립한 주체사상탑. 평양의 중요한 시설물 중 하나이다.

기구와 시설을 갖추고 있다. 김정은이 최근 이곳을 돌아보며 "유희장의 원림과 놀이기구들의 도색 상태가 불량하다"는 등 관리 부실을 지적하고 간부들을 질타하여 주목받았다. 개선청년공원은 1984년 모란봉 서쪽 기슭의 김일성경기장과 개선문 인근에 만든 공원으로 면적이 약 40ha에 달한다. 평지에는 현대적 놀이시설을 배치하고, 산기슭은 연못이나 인공적인 가산과 폭포 등 동방식 공원으로 꾸몄다. 1985년에는 만경대유희장 인근에 일종의 워터파크라고 할 수 있는 만경대물놀이장을 완공하였다. 이 물놀이장은 한여름에 시민들이 즐겨 찾는 곳으로, 평양 시민들 사이에서 '평양의 해수욕장'이라 불린다.

1980년대에는 평양을 국제적인 도시로 만들기 위해 노력하면서 공원과 유원지에도 예전과 달리 새로운 주제와 시설이 도입되었다. 우선 국제화에 발맞추어 특색 있는 주제별 공원[22]을 건설하였다. 대표적인 사례가 만수대분수공원, 만경대유희장, 만경대물놀이장 같은 일종의 테마파크이다. 또 최신식 놀이기구뿐 아니라 여러 가지 장식물, 조명, 음악, 조각 작품, 분수 등 현대적이고 새로운 장비와 시설로 공원을 더욱 화려하게 꾸몄다. 다양한 문화 및 레저 시설이 평양에 본격적으로 도입되어 새로운 형태의 공원 문화가 생겨난 때가 이 시기이다.

22 북한에서는 이를 '단능화(單能化)된 공원', 즉 한 가지 기능, 또는 주제를 가지는 공원이라 표현한다.

고난의 행군, 1990년대

1980년대까지 건설 사업이 활발하던 북한은 1990년대부터 공산권 붕괴로 인한 국제적 고립, 김일성 주석의 사망과 수해로 인한 대흉작 등으로 어려운 시기에 봉착했다. 이른바 '고난의 행군'이 시작된 시기이다.

그러나 경제난 속에서도 평양 인구가 증가하면서 도심 외곽에 초고층 살림집을 건설하였는데, 평양 서쪽의 광복거리와 대동강 남쪽 통일거리 주변의 초고층 살림집 주거지역이 대표적이다. 주거시설은 1990년대 중반까지 건설되었으나 그 이후는 더 이상의 개발이 이루어지지 않았다. 결국 1990년대 후반부터 평양의 도시 건설 사업은 축소되고 새로운 공원과 유원지 건설도 주춤하게 되었다. 이 시기에 준공된 공원으로는 문수유희장과 만경대 주변에 자리 잡은 4월15일 소년백화원 등을 들 수 있다.

문수유희장은 평양의 다른 구역에 비해 상대적으로 공원과 유원지가 적은 동평양지역의 대동강구역에 조성되어 지역 주민들의 인기를 얻고 있다. 최근에는 유희장 내에 물놀이장이 새로 건설되고 인근에 청류다리가 있어 접근이 쉬운 까닭에 이용객이 늘고 있다. 한편 만경대학생소년궁전[23] 북쪽에 조성된 4월15일 소년백화원은 김정일이 특별히 관심을 기울인 청소년을 위한 야외학습공원이라 할 수 있다. '4월15일'이라는 명칭은 김일성 생일에서 유래되었다. 1990년 4월에 개장한 4월15일 소년백화원은 인근에 만경대학생소년궁전 외에

23 평양학생소년궁전과 함께 약 1만 2,000여 명의 학생을 수용할 수 있는 북한 최대 규모의 청소년 전용공간으로, 1989년에 건립되었다. 내부에는 도서관은 물론, 수영장과 극장, 각종 체육시설, 심지어 자동차 운전실습장까지 갖춘 것으로 알려져 있다.

도 만경대유희장과 물놀이장이 인접해 있으며, 각종 나무를 심어 학생들에게 향토애를 고취시키고 사회주의 애국정신을 기르기 위해 조성하였다. 일반 시민들의 휴식과 휴양을 위한 곳이라기보다는 청소년을 위한 야외교육장의 성격이 더 강한 곳이라 할 수 있다.

1990년대에는 건설 경기가 침체해 새로운 공원과 유원지 건설이 활발하지 않았다. 이때 건설된 문수유희장 등도 1980년대에 조성된 공원과 유원지 등에 비하면 규모가 크지 않다. 결국 이 시기는 평양의 공원과 유원지 건설이 잠시 숨 고르기를 한 시기라고 할 수 있다.

강성대국을 향한 열망, 2000년대

북한은 1990년대 후반부터 '고난의 행군'의 탈출구를 찾기 위해 1997년을 '사회주의 강행군'의 해로 정하고 부단히 노력하였다. 2000년대에 들어서면서 그간 어려운 경제 상황으로 쪼들렸던 주민들의 생활을 다소 해소하고자 여가 활동의 기회를 늘리려고 했다. 이는 '고난의 행군'을 비롯하여 각종 난제를 극복한 북한 주민들에게 다양한 여가 활동의 기회를 제공해 지친 마음을 풀어줌으로써 정치적인 선전 효과를 얻기 위해서였다. 휴양시설의 신축과 확충도 그중 하나이다. 평양에서는 기존의 공원과 유원지에 새로운 시설을 설치하여 다양한 여가 활동이 가능해졌다.

1990년대에 건설된 광복거리 주변의 초고층 살림집 주거지역.

2010년에는 개선청년공원을 리모델링하여 새롭게 개장하였으며, 개장일에는 김정일이 직접 시찰하며 새로운 놀이기구와 네온사인 장식에 많은 관심을 보였다고 한다. 또 평양의 각종 유희장 건설과 현대화 사업뿐 아니라 지방의 공원과 유원지 확충에도 노력하였다. 자강도의 강계청년유희장, 함경남도의 함흥청년공원, 강원도의 송도원유원지 등도 현대화하였다.

2000년대 이후 북한은 그동안 힘들었던 '고난의 행군'을 극복하고 '강성대국 진입'을 외치면서 인민들의 문화·휴식 공간에 많은 관심을 기울이고 있다. 기존의 공원과 유원지의 시설을 현대화하여 새로운 놀이 문화를 창출하고자 하는 것도 그 일환이다.

김정은 시대의 시작, 2010년대

김정은 체제가 본격적으로 확립된 2010년대 이후에는 공원의 성격과 기능도 새롭게 바뀌었다. 기존의 공원과 유원지는 대부분 산책, 소풍, 꽃놀이 등 시민들의 정적인 휴식에 초점을 맞춰 조성되었다. 그러나 최근 새롭게 추진되고 있거나 재건되고 있는 공원과 유원지는 휴식뿐 아니라 오락과 볼거리, 운동 등 동적인 기능을 수행할 수 있는 곳으로 꾸며지고 있다.

김정은 집권 이후 북한은 각종 유희시설 건설에 박차를 가하고 있다. 2012년에는 김정은의 지시 아래 '사회주의 문명국 건설'이라는 구호를 내세워 놀이시설과 체육시설 건설을 전국으로 확대해 실시하고 있다. 이를 위해 그해 전국의 공원과 유원지를 총괄하여 통합적으로 관리하는 '유원지총국'이라는 국가 기구를 설립하였다. 그전까지는 놀이공원의 관리와 운영은 소재지 당국이 담당했지만, 이제는 중앙에서 총괄하겠다는 것이다. 평양을 본보기로 지방의 기존 놀이공원을 재정비하고 새로운 놀이공원도 신설하겠다는 계획이다.

공원이나 유원지의 확충과 운영은 김정은의 지대한 관심 아래 추진되는 국가사업이다. 2013년에는 〈공원·유원지 관리법〉을 제정하여 공원 및 유원지 관리 사업의 기본 원칙 및 건설, 관리·운영, 이용, 지도·통제 등을 규정하였다. 이 법에는 공원과 유원지 정비 투자를 늘리고 공원 건설 시 자연경관을 훼손하지 못하도록 하는 조항도 들어있다. 이는 공원과 유원지 투자에 계속 힘을 쏟겠다는 김정은의 의지를 보여주는 것이라 할 수 있다(「부록」의 〈조선민주주의인민공화국 공원·유원지 관리법〉 참조).

2010년대 이후 평양 시내에 들어선 새로운 공원이나 개건(改建)한 유원지들은 최신 설비와 대형화가 특징이라 할 수 있다. 각종 오락기구와 최첨단 물놀이시설, 전자오락관, 곱등어[24] 관람시설 등 최신 시설이 새롭게 구비되었다. 2012년에는 릉라인민유원지, 대성산유원지, 만경대유희장, 문수물놀이장 등을 확장하고 시설을 현대화하였다. 릉라인민유원지에는 서해안의 바닷물까지 끌어와 곱등어관을 조성하였으며, 문수물놀이장에는 초대형 풀장 및 슬로프는 물론 인공암벽, 실내배구장 같은 체육시설과 제과점, 미용실 등 각종 편의시설을 구비했다. 또 2014년에는 대성산 기슭 안학궁터 옆에 200ha의 드넓은 부지를 이용하여 사상 교육과 역사, 민속 등을 주제로 한 평양민속공원이라는 새로운 개념의 공원을 개장하였다.

김정은이 집권한 이후에는 스포츠를 좋아하는 김정은의 취향에 맞게 스포츠 관련 공원이나 시설을 대거 확충하였다. 청소년과 학생들의 요구에 맞게 공원에는 배구장, 농구장, 정구장, 배드민턴장, 롤러스케이트장, 미니골프장 등 각종 체육시설과 운동기구를 갖추었다. 2012년에 만경대구역에 개장한 팔골공원이 대표적인 예로 이 공원에는 연못과 정자는 물론 농구장, 배구장, 롤러스케이트장, 무도장 그

---

24 돌고래를 북한에서는 '곱등어'라고 부른다. '곱등어관'은 우리의 돌고래쇼장이다.

리고 여러 운동기구를 설치하고 편의시설까지 갖추었다. 김정은은 체육시설 건설에 관심이 높아, 평양체육관과 축구전용구장 리모델링, 승마장과 롤러스케이트장 건설, 강원도 원산 해발 1,360m의 마식령스키장 건설 등 체육시설에 많은 투자를 하였다.

특히 2012년 대동강변에는 대규모 롤러스케이트장이 김정은의 특별 지시로 건설되었다. 김정은이 "롤러스케이트는 사계절 어느 때든 즐길 수 있는 좋은 스포츠"라고 적극 권장한 이후 북한에서는 롤러스케이트장 건설이 본격화되었다. 옥류교에 인접한 인민야외빙상관 바로 옆에 조성된 롤러스케이트장은 총 부지 면적이 13,000m²에 달한다. 북한에서 롤러스케이트는 새로운 놀이이자 여가 생활로 특히 청소년들 사이에서 붐이 일어나고 있다. 만경대유희장, 대성산유희장 등 놀이공원과 상흥아동공원, 연못공원 등 평양 시내 여러 공원뿐 아니라 원산, 남포, 함흥, 신의주 등 전국 주요 도시에 롤러스케이트장이 건설되었다. 이처럼 평양 시내의 각종 공원과 유원지의 놀이시설을 가동하고 야간에도 각종 조명을 밝힐 수 있는 것은 청천강 유역의 희천발전소 덕분이다. 희천발전소가 평양 시내의 전력 공급을 전담하고 있다고 한다.

공원 내에 각종 체육시설을 갖추는 것도 과거와는 다른 점이라 할 수 있다. 놀이 및 체육시설 건설은 평양뿐 아니라 지방에서도 추진되고 있으며 이러한 공원과 유원지의 확충은 김정은이 적극 추진하는 사업 중 하나이다. 그 결과 최근에는 강원도 원산시 송도원유원지, 자강도 강계시 강계청년공원, 개성시 선죽공원, 만포시 민속공원, 마식령스키장 등 여러 지방에서 각종 공원과 유원지 시설이 확충되고 건설되었다.

2018년 평창 동계올림픽을 계기로 관심이 높았던 마식령스키

마식령스키장 입구.

장은 2013년 완공되었다. 총 면적 14km², 총 길이 49km에 이르는 슬로프 12개와 객실 400개를 갖춘 호텔도 건설하였다. 1990년대 중반 스위스 베른(Bern) 유학 시절 김정은은 다양한 스포츠를 즐겼으며, 그중에서도 농구와 스키는 마니아 수준으로 알려졌다.

최근 들어 김정은은 릉라인민유원지, 만경대유희장과 개선청년공원 유희장, 중앙동물원, 아동백화점 등 주로 생활·문화 시설을 자주 방문하였다. 또 김정은은 공원이나 유원지 준공식 행사를 대대적으로 개최하고 직접 참여하여 대내외에 홍보하고 있다. 이는 인민의 문화생활 개선을 위한 북한의 관심일 수도 있으나 공원과 유원지 확충이 인민의 마음을 즉각 사로잡는 방법임을 알고 그것을 김정은의 업적으로 내세우려는 속내가 더 클 것이다. 따라서 새로운 공원 건설과 최첨단 시설 도입, 체육시설 조성 등의 사업은 당분간 지속될 것으로 보인다.

제3부

평양의 공원과 유원지

도시공원의 배경, 평양의 녹지

인구 100만이 넘는 대부분의 대도시에는 상업지구와 업무지구 등 주요 시설들이 중심부에 밀집해 있기 때문에 녹지가 절대적으로 부족하다.

서울도 예외는 아니다. 도심 한복판에 고층 빌딩이 밀집한 서울은 그나마 도시 외곽의 산들이 공원과 녹지의 역할을 하고 있다. 유네스코(UNESCO) 세계문화유산(World Cultural Heritage)이기도 한 창덕궁의 후원이나 경복궁, 덕수궁 등의 궁궐과 종묘 등도 도심의 휴식 공간이자 녹지 공간 기능을 하고 있다.

평양은 서울보다 녹지가 풍부한 도시라고 할 수 있다. 평양 시민 1인당 약 40m²의 녹지 공간을 가지고 있어 서울이나 경제협력개발기구(OECD) 국가의 2배 이상이다. 그것은 평양의 인구 밀도가 낮고, 해방 후부터 국유화된 토지를 기반으로 지속적인 녹화 사업을 펼친 결과이다. 녹화 사업으로 조성된 녹지가 평양의 공원과 유원지 건설의 배경이라고 할 수 있다.

최근 서울에서도 도시 녹지에 관심을 기울여 '생명의 나무 1,000만 그루 심기', '생활권 녹지 100만 평 늘리기' 등의 정책을 편 결과 서울시 녹지 면적이 점차 증가하고 있는 것으로 알려져 있다. 최

(왼쪽) 1947년 4월 평양 문수봉에서 기념식수하는 김일성.
(오른쪽) 식수절 50주년을 기념하기 위해 1997년 발행된 북한의 식수절 기념우표.

근에 논란이 되고 있는 '도시공원 일몰제(실효제)'[1]라는 제도로 공원이 대규모로 사라질지 모른다는 우려가 제기되자 서울시는 2030년까지 약 40km²를 모두 매입하기로 했다고 한다. 전체 약 13조 7,000억 원가량의 엄청난 자금이 들어가는 일이지만, 그만큼 녹지를 중요하게 여기고 있다는 뜻이다.

북한에서는 해방 이후 도시 건설과 더불어 녹화 사업에 주력하였다. 김일성은 평양을 공원 속의 도시로 꾸리기 위해 도시 건설 때 녹화 계획부터 먼저 수립하고 기타 구성 요소를 배치하는 원칙을 철저히 지키도록 지시하였다. 북한에서는 녹화 계획을 흔히 '도시의 수림화·원림화'[2]라고 하는데, 이 도시의 수림화, 원림화의 시작은 식수(植樹)사업이었다(「부록」의 〈조선민주주의인민공화국 원림법〉과 〈조선민주주의인민공화국 공원·유원지 관리법〉 참조).

1947년 3월 11일 북조선인민위원회에서 〈식수 주간에 관한 결

1 도시계획시설상 도시공원으로 지정만 해놓고 20년간 공원 조성을 하지 않을 경우 땅 주민의 재산권 보호를 위해 도시공원 개발 구역에서 풀어주는 것을 말한다. 2020년 7월 1일부터 시행된다.

2 '도시 수림화'는 우리나라의 '도시림(都市林)'과 같은 의미로 도시의 환경보호 및 개선을 목적으로 하는 반면, '도시 원림화'는 도시의 공원이나 유원지를 꾸미고 가꾸는 것을 말한다.

정서〉를 채택하고 그해 4월 6일 평남 양덕군의 양묘장에서 자란 묘목 67만 3천 그루를 평양의 모란봉, 해방산, 만수대, 문수봉 등 여러 곳에 옮겨 심었다. 이때 김일성이 문수봉에 이깔나무 12그루를 심었는데 그것을 계기로 북한에서는 식수절(植樹節)을 4월 6일로 정하게 되었다.[3]

우리가 흔히 '기념식수(紀念植樹)'라고 하듯이, 북한은 '식목일(植木日)' 대신 '식수절'이라는 용어를 사용한다. 김일성이 이깔나무를 심은 장소를 기념하기 위해 '식수터'라는 공간을 조성하였으며, 그 이깔나무는 현재 북한의 천연기념물 제8호로 지정되어 있다(「부록」의 '평양의 천연기념물' 참조). 이깔나무는 추위에 강한 수종이라 북한에서 많이 자라고 있다. 북한 전체 산림의 약 11.2%를 차지하는 이깔나무는 특히 두만강 상류 일대, 함경북도, 백두산 일대 등 추운 산악지대에서 많이 자란다. 항일 투쟁을 백두산에서 했다는 김일성에게 이깔나무는 각별한 의미가 있었을 것이다.

해방 후 북한 도시건설 계획의 주역이자, '북한 건축의 아버지'로 불렸던 김정희(金正熙, 1921~1975)[4]도 도시 녹지의 중요성에 대해

---

3 북한의 식수절은 원래 4월 6일이었다. 그런데 김일성과 부인 김정숙이 1946년 3월 2일 모란봉에 올라 "조국의 산과 들을 아름답게 가꿀 데 대한 가르치심을 주신" 날을 기념하여 1998년부터 식수절을 3월 2일로 변경하였다. 기존의 식수절보다 한 달이 앞선 것이다. 2018년 3월 2일 식수절에는 북한 전역에 175만 여 그루의 나무를 심었다(「부록」의 '북한의 기념일' 참조).

4 1947년부터 1953년까지 모스크바건축대학(Moscow Architectural Institute)에서 유학하였으며, 귀국한 뒤 평양 재건의 중추적인 역할을 하였다. 그는 또한 평양건축대학 학장과 국가건설위원회 부위원장을 역임하였으며, 김일성은 1986년 김정희를 모델로 한 영화 〈한 건축가에 대한 이야기〉라는 영화를 제작하도록 명령하였다. 최근 《로동신문》(2018년 6월 1일자)에는 김일성이 모스크바를 방문했을 때, 그곳에서 유학 중이던 김정희를 만나, 입고 있던 외투를 손수 벗어주며 격려했다는 일화를 소개하였다. 또 사설에서는 김정희를 "당의 주체적 건축 미학 사상을 충직하게 받들어 혁명의 수도 평양을 비롯한 여러 도시들을 계획 설계하고 수많은 기념비적 창조물을 일떠세우는데 기여한 이름난 건축가"라고 그의 업적을 재조명하였다. 대표 저서로는 『도시건설』이 있다.

다음과 같이 강조하였다. "…… 록지대는 도시 영역의 중요한 요소의 하나이다. …… 록지대는 도시 영역에 가능한 한 균형적으로 배치하여야 하는 바, 그는 반드시 서로 연결된 유일한 계통으로 되어야 한다. 일반이 리용할 수 있는 록화의 노르마[5]는 반드시 도시의 크기에 따라 적용되어야 한다. 이 사정은 적은 도시들에서는 휴식을 위하여 교외 록지대를 많이 리용할 수 있다는 것으로써 설명된다"라고 하였다. 그는 도시 구성 요소로서 매우 중요한 녹지를 도시에 골고루 배치해야 하며 서로 네트워크를 형성해야만 그 기능을 확장할 수 있다고 강조하고 있다.

모스크바에서 유학했던 김정희는 모스크바의 도시계획에 많은 영향을 받았다. 모스크바의 도시계획은 레닌(Vladimir Il'Ich Lenin, 1870~1924)의 주요 관심사였다. 사회주의 혁명에 성공한 레닌은 사회주의 이론을 도시라는 물리적 공간에 구현하고자 노력하였다. 레닌은 부르주아와 프롤레타리아의 갈등, 도시와 농촌간 양극화 구조를 개선하기 위한 도시계획을 모스크바에 실현하고자 노력하였다. 레닌의 모스크바 도시계획은 영국의 에버니저 하워드(Ebenezer Howard, 1850~1928)[6]의 '전원도시(Garden City)' 이론에 뿌리를 두고 있다. 레닌은 1907년 하워드의 대표적인 전원도시인 레치워스(Letchworth)[7]를 방문하기도 하였다.

하워드의 전원도시 개념은 상징적인 요소가 동심원의 중심을 차

5 '기준'을 나타내는 북한말.

6 영국의 도시계획가. 1898년 전원도시를 제창하여 전원도시 운동의 창시자로 평가받는다. 영국의 신도시 레치워스(Letchworth)시와 웰윈(Welwyn)시는 그의 전원도시 계획에서 탄생된 도시이다. 1902년에는 근대 도시계획의 목표를 제시한 「내일의 전원도시 *Garden Cities of Tomorrow*」를 출간하였다.

7 영국의 하트퍼드셔(Hertfordshire)주의 도시로, 하워드가 제창한 전원도시의 이념에 따라 건설된 최초의 전원도시이다.

지하고, 그를 중심으로 방사선 형태의 도로가 뻗어나간다. 구획된 도시의 각 지역들은 각각의 기능을 수행하면서 도심 외곽에는 녹지를 두어 도시의 물리적 확장을 제한토록 하는 것이었다. 인구의 도시 집중을 억제하고 전원적 자연환경이 풍부한 도시를 조성하자는 생각이었다. 하워드의 이러한 전원도시 개념은 모스크바뿐 아니라 영국, 미국 등 많은 나라의 도시계획에 영향을 미쳤다.

모스크바의 도시계획에 매료된 김정희는 이 개념을 1953년 평양 재건 계획에 도입하였다. 평양의 도시계획은 하워드의 전원도시나 모스크바의 도시계획처럼 동심원의 형태를 따르지 않았으나, 상징적인 요소를 중심으로 뻗어나가는 축의 개념과 서로 다른 위성지역들이 도시에 고루 분포하면서 그 지역의 중심이 되는 개념을 차용하였다. 또 도시가 확장되면서 생기는 부작용을 최소화하기 위해 중간중간에 녹지를 배치하여 하나의 지역이 일정 크기 이상 팽창하는 것을 방지하는 계획이었다. 그의 마스터플랜은 1960년대 김일성의 새로운 전략에 의해 많은 부분 수정되었지만, 기본 골격은 남아 지금의 평양이라는 도시를 만들어냈다. 특히 녹지 영역을 도심에 적극 끌어들여 도시의 팽창을 막는 전략은 현재 평양이 '공원 속의 도시'를 표방하는

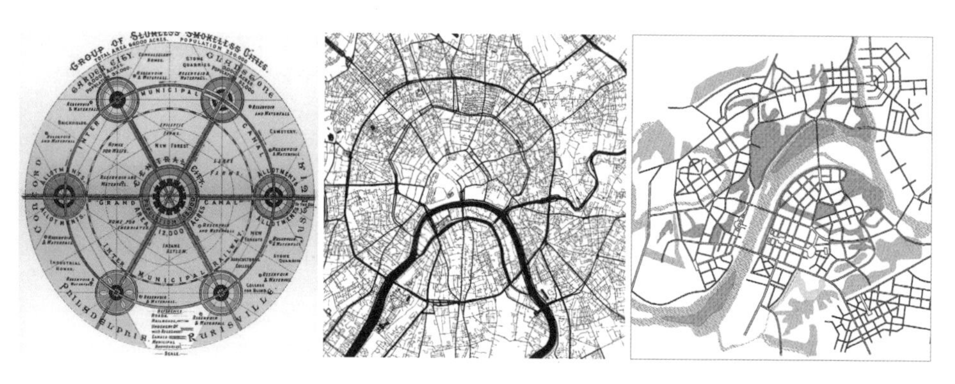

왼쪽부터 하워드의 전원도시, 모스크바의 도시 배치, 1953년 평양의 마스터플랜.

북한 건축의 아버지로 불리는 김정희가 집필한 『도시건설』(1953).

데 결정적인 역할을 했다.

이러한 도시계획 아래 시행된 지속적인 녹화 사업으로 평양시의 녹지 면적을 꾸준히 증가시켰다. 전후 평양의 도시계획에서 녹지의 중요성을 강조한 사람이 건축가 김정희였다면, 실제 녹지 조성에 중추적인 역할을 한 사람은 식물학자 임록재(任綠在, 1921~2001)[8]였다. 1947년 김일성종합대학을 찾은 김일성은 당시 교수로 있던 임록재의 연구에 많은 관심을 표하였다. 김일성의 두터운 신임을 받은 그는 식물학 발전에 많은 공헌을 했는데, 평양의 대표적인 가로수로 자리 잡은 수삼나무 번식 사업도 그의 연구 결과이다.

북한의 통계에 따르면 평양의 녹지 면적은 1960년대부터 지속적으로 증가해 1988년에는 약 5,000ha를 차지했다고 한다. 그중 공원과 유원지, 주택과 가로 녹지 등이 과반수를 차지했다.

북한에서는 녹지 비율을 높이기 위해 옥상녹화[9]와 벽면녹화[10] 사업을 권장하고 있다. 또 도시환경 개선에 대한 관심이 높아져 녹지에 의한 도시기후[11] 환경 개선, 옥상 녹화, 태양열 이용 등에 관한 논의가

8 황해도에서 태어난 임록재는 김일성종합대학의 교수, 평양 중앙식물원 원장, 최고인민회의 대의원 등을 역임하였다. 인민과학자로서 식물학 분야에서 수많은 업적을 내며 김일성의 두터운 신임을 받았다. 그의 대표 저서로는 『조선식물지』, 『조선산림수목』, 『조선약용식물지』 등이 있으며, 김일성훈장을 받았다. 2016년 5월 김정은이 조선로동당 제7차 대회 개회사에서 임록재를 언급할 정도로 중요한 인물이었다. 2018년 3월 11일자《로동신문》에는 〈공화국력사에 뚜렷한 자욱을 남긴 지식인들-재능있는 식물학자 임록재〉라는 기사에서 그의 업적을 자세히 설명하였다.

9 북한에서는 '지붕(장식)록화'라고 한다. 옥상정원은 '지붕정원'이라고 표현한다.

10 북한에서는 '수직록화'라고 한다.

11 도시 특유의 기후. 도시의 넓이나 인구, 가옥의 밀집 상태, 도로의 상태, 산업 활동의 상태에 따라 달라지고, 대체로 주변 지역에 비하여 고온 저습하며 일사량이 적다.

활발해지고 있다. 북한의 논문과 잡지, 신문 등에 이에 대한 내용이 자주 실린다. 산업 및 공공건물, 또는 호텔 등의 옥상에는 오락과 휴식을 위한 장소로 주로 잔디밭을 조성하고 화초를 심고 벤치를 놓는다. 또 기관이나 기업소, 단체의 건물과 시설물의 벽면에는 인동덩굴, 담쟁이덩굴, 참등나무 등의 덩굴식물을 심어 녹지 면적을 확대하려고 노력하고 있다. 평양 중심부에서 녹지 면적이 가장 넓은 지역은 대성산이 위치한 대성구역이며, 그다음으로는 대동강구역, 보통강구역, 중구역 등이다.

2015년 10월 28일 락랑구역 대동강 쑥섬에 완공된 과학기술전당의 옥상에는 잔디밭을 조성하고, 태양열 집열판을 설치한 모습도 볼 수 있다.

한편 우리나라 환경부가 1990년대부터 인공위성을 통해 남북한의 토지피복도지도(Land Cover Map, LCM)를 작성하고 도시와 하천, 산악 지대를 비교·분석하였는데,[12] 이 자료에 따르면 남한과 북한의 대표적인 도시지역인 서울의 강남지역은 도시 전체 면적의 50.5%가, 평양은 34.3%가 시가화·건조지역으로 나타났다. 강남지역의 농업지역은 거의 사라진 반면, 평양은 도시의 녹지라고 할 수 있는 산림지역, 농업지역, 초지 등이 약 55%를 차지하여 도심의 녹지 비율이 매우 높은 것으로 나타났다. 결국 남한지역이 북한지역에 비해 도시화 비율이 2배가량 높고, 농지 및 산림지역이 감소한 경향을 나타냈다. 특히 평양은 우리나라의 강남지역보다 산림지역과 농업지역 비율이 3배 이상 높은 것으로 나타났다. 최근 평양시의 일부 지역에 새롭게 고층 빌

12 환경부 보도자료, 「분단 60년, 남·북한 도시·녹지지역 어떻게 변하였나?」, 2009.

당들이 들어서면서 녹지 비율은 다소 감소했으리라 추정할 수 있다.

과도하게 개발된 서울에 비해 평양의 녹지 면적이 높은 것으로 조사되었지만, 남북한 전체 지역을 비교해볼 때는 그 양상이 조금 다르다. 최근 아시아개발은행(ADB)과 유엔(UN)의 공동 보고서에 따르면 북한의 전체 산림 비율은 1990년 68%에서, 2010년 47%로 급감했다. 이는 잦은 홍수, 경제난과 식량난으로 인한 다락밭[13]이나 비탈밭 이용, 그리고 벌목 등이 주원인으로 지목되고 있다. 결국 북한은 평양을 제외한 다른 지방 도시나 농촌, 근교의 산악지역은 녹지와 산림이 우리보다 훨씬 부족한 실정이라고 할 수 있다.

북한은 김정은이 집권한 이후 10년 안에 황폐한 산림을 복구하는 것이 '당의 확고한 결심이자 의지'라고 천명하고 산림 보호와 새로운 산림 조성 기법 개발 등 산림 회복에 큰 힘을 쏟고 있다. 이를 반영하듯이 2017년에는 김정은의 지시로 김일성종합대학에 산림과학대학이 새롭게 단과대학으로 신설되었다. 현재 우리 정부는 평화통일 기반 구축의 세부 과제 중 하나인 '그린 데탕트(Green Detente)'를 통해 북한 산림 복구와 병충해 방제 협력, 시범 농장 운영 등 남북간 농업 협력, 한반도 생물종 및 생태 공동 조사 등 남북간 환경 분야 협력 방안을 모색하고 있다. 또한 2018년 9월 남북정상회담 이후, 남과 북은 북한의 소나무재선충 방제, 양묘장 현대화, 자연 생태계 복원 등 북한의 실질적인 산림 복구 방안도 논의하였다.

13 '계단밭'의 북한말.

남북한 주요 대상지 토지 이용 현황(환경부, 2009)[14]

구분	도시지역		하천주변		산악지역	
대상	남한 (강남)	북한 (평양)	남한 (낙동강, 김해시)	북한 (대동강, 남포시)	남한 (한라산)	북한 (백두산)
시가화·건조지역	50.5%	34.3%	24.7%	12.0%	–	0.4%
농업지역	1.1%	26.4%	7.0%	47.5%	–	–
산림지역	14.1%	24.6%	13.2%	11.4%	48.4%	30.3%
초지	20.9%	4.8%	8.8%	1.1%	43.1%	48.6%
습지	–	0.2%	7.2%	2.3%	–	–
나지[15]	12.6%	2.5%	3.9%	2.9%	8.3%	17.5%
수역	0.7%	7.2%	35.1%	22.8%	0.1%	3.1%
총계	100.0%	100.0%	100.0%	100.0%	100.0%	100.0%

14 토지피복지도는 해상도에 따라 대분류, 중분류, 소분류로 나뉘는데, 북한지역은 대분류에 속한다. 대분류 토지피복지도는 10년 주기로 제작되기 때문에 2009년의 자료가 가장 최근 자료이다.

15 맨땅(거름을 주지 않은 생땅) 또는 알땅(초목이 없는 발가벗은 땅).

원림, 공원, 유원지, 유희장

북한은 오래전부터 평양을 녹지가 풍부하고 살기 좋은 도시라고 자랑하고 있다. '공원 속의 평양', '공원의 도시, 평양' 등의 구호로 평양이 녹지가 풍부하고 공원이 많은 도시임을 강조한다.

북한의 공원 및 유원지의 계획과 조성은 '원림화 사업' 아래 진행한다. 도시 원림화 사업에는 우선 도시의 녹지 확대를 위한 식수 사업과 공원 및 유원지 건설, 도시 녹화 사업 등이 포함된다. 북한에서는 도시의 공원과 유원지 조성뿐 아니라 전 국토의 녹화 사업에도 심혈을 기울였다. 이를 위해 2004년 도시와 마을, 기관과 기업소의 조경과 녹화 사업 등을 주요 내용으로 한 〈원림 관리 규정〉을 채택하여 실행했으며, 2010년 11월에는 〈조선민주주의인민공화국 원림법〉을 채택하여 도시와 시골의 생활환경을 개선하고자 노력하고 있다.

2004년에 채택된 〈원림 관리 규정〉은 총 3장 26조로 되어 있는데, 제1장에는 규정의 목적, 적용 대상, 관리 범위, 해당 기관의 임무 등이, 제2장에는 원림 사업의 제(諸)원칙, 원림 총계획에 근거한 원림 조성 사업, 조선식 공원과 유원지 설계 등이, 제3장에는 원림 관리 원칙, 대상별 원림 관리 주체 등이 규정되어 있다. 원림 관리 규정의 여러 내용 중에 '공원과 유원지를 조선식으로 꾸리는 원칙'은 눈여겨보아야 할 부분이다.

2010년에 제정된 〈조선민주주의인민공화국 원림법〉은 총 4장

37조로 구성되어 있으며, 제1장에는 원림의 정의와 각종 원칙, 제2장에는 원림 조성과 계획, 제3장은 원림 관리에 대한 사항, 그리고 제4장에는 원림 사업에 대한 지도·통제·책임 등에 관한 사항들이 규정되어 있다(「부록」의 〈조선민주주의인민공화국 원림법〉 참조).

평양시에는 원림의 조성과 관리가 특별히 중요한 부분이다. 북한 헌법에는 〈평양시 관리법〉 제3장 제20조에 '원림의 조성과 관리' 조항을 별도로 제정해놓고 있다.

'공원(公園)'이나 '유원지(遊園地)', 또는 '원림(園林)'이란 용어는 북한뿐 아니라 우리도 자주 사용하는 용어다. 그러나 이 용어들이 북한에서 구체적으로 무엇을 의미하는지 알기 위해서는 그 정의와 내용을 살펴볼 필요가 있다.

북한이 2010년 채택한 〈조선민주주의인민공화국 원림법〉 제1장 제2조 '원림의 정의'에서는 "원림은 사람들의 문화정서생활과 환경보호의 요구에 맞게 여러 가지 식물로 아름답고 위생문화적으로 꾸려놓은 녹화지역이다. 원림에는 공원, 유원지, 도로와 건물주변의 녹지, 도시풍치림, 환경보호림, 동·식물원, 온실, 양묘장, 화포전 같은 것이 속한다"라고 정의하였다. 간단히 말해 원림이란 '시민들의 일상생활과 환경보호를 위해 식물을 심고 가꾼 지역'을 뜻하는 것으로 '식물'이 중심이다. 또 원림은 공원이나 유원지를 포함하는 상위 개념임을 알 수 있다(「부록」의 〈조선민주주의인민공화국 원림법〉 참조).

한편 북한의 대표적인 백과사전이라고 할 수 있는 『광명백과사전』(2011)에는 공원과 유원지를 다음과 같이 정의하고 있다. "공원은 여러 가지 문화휴식시설들과 교양시설들을 갖추고 집중적으로 녹화하여 풍치를 조성한 구역이다. 공원이 공공시설로 일반화 된 것은 19세기 후반부터이며, 매개 나라들에 각이한 형태로 꾸려지게 되었다. 20세기에 들어와서 공원은 근대 도시계획에 기초하여 계통적으로 발전하기 시작하였다. 공원은 규모와 이용범위에 따라 시공원, 지역(또는 구역)공원, 소구역공원, 구획공원, 거리공원, 마을공원, 공장과 기업소공원 등으로, 주요 사명에 따라 문화휴식공원, 체육공원, 어린이공원 등으로 나눈다."

또 "유원지는 도시와 마을 또는 그 주변과 아름다운 자연풍치지역들에 문화휴식과 유람 조건을 갖추고 녹화한 지역이다. 유원지는 주민과의 위치 관계에 따라 시내유원지, 교외유원지, 지방유원지 등으로, 지대적 특성에 따라 사적지, 명승고적지를 기본으로 하여 꾸린 유원지와 자연풍치지역을 기본으로 하여 꾸린 유원지 등으로 나눈다. …… 큰 유원지들에서 휴식구는 보통 입구구역, 대중정치문화교양구역, 체육구역, 아동구역, 산보구역, 유희오락구역, 수영 및 뱃놀이구역, 등산구역, 관람구역, 봉사구역, 관리경영구역 등으로 나누어 조직한다"라고 설명하였다.

한편 2013년에 제정된 〈조선민주주의인민공화국 공원, 유원지 관리법〉에는, "공원, 유원지는 인민들의 문화생활과 휴식, 교양을 위하여 꾸려진 문화정서 생활장소이며 휴식터이다. 공원에는 그 사명과 규모, 리용범위에 따라 구역공원, 구획공원, 종합공원, 유희공원, 아동공원, 청년공원, 민속공원, 분수공원, 화초공원, 해안공원, 기념공원, 조각공원, 체육공원 같은 것이 속하며, 유원지에는 그 위치와 지대적 특성에 따라 도시 안에 있는 유원지와 도시주변에 있는 유원지, 사적지, 명승지를 기본으로 꾸민 유원지와 자연풍치를 기본으로 꾸민 유원지 같은 것이 속한다"라고 정의하고 있다(「부록」의 〈조선민주주의인민공화국 공원, 유원지 관리법〉 참조). 이 법에서는 공원과 유원지를 엄격하게 구분하지 않고 있지만 비교적 콘셉트가 분명한 곳을 공원으로 정의하고 있다는 것을 알 수 있다.

북한에서 공원은 개선청년공원, 평양민속공원 등과 같이 다양한 시설물이나 놀이기구 등을 설치하고 나무를 심어 풍치를 조성한 유희적 목적의 공간이다. 반면에, 유원지는 도시 녹지 체계의 근간을 이루는 장소로서 릉라인민유원지, 보통강유원지, 대동강유원지, 대성산유원지처럼 대부분 경관이 빼어난 명승지를 중심으로 강가나 숲이 우거지며 인공적인 시설이 많지 않은 곳으로 휴식과 휴게, 또는 산책, 낚시 등 여가와 문화 활동을 위한 공간이라 할 수 있다.

그러나 최근 김정은 시대에 들어서는 공원과 유원지의 성격과 기능 구분이 큰 의미가 없어지고 있다. 대표적인 사례로 대규모 놀이시설과 오락시설이 들어선 릉라인민유원지를 들 수 있는데, 공원과 유원지 모두 여건이 되면 최신 설비와 오락시설을 갖추는 경향이 점차 강해지고 있다는 것이다.

한편 유희장은 '근로자들과 청소년들을 위한 대중적인 유희시설들이 마련된 곳'으로 만경대유희장, 대성산유희장 등이 대표적인 곳이다. 유희장은 우리나라의 놀이동산이나 위락시설과 같은 곳이라 할 수 있다.

평양의 대표적인 공원과 유원지

우리 조상들이 누린 유람의 전통

우리 민족은 예부터 사시사철 산천을 유람하고 자연 풍광을 즐기는 것이 일상의 큰 즐거움이었다. 신록의 봄에는 음식을 싸들고 산과 들꽃을 찾아 꽃놀이를 즐겼으며, 여름에는 시원한 계곡과 물가에서 천렵(川獵)[16]으로 더위를 식혔다. 가을에는 단풍을 구경하러 산천을 유람했을 뿐 아니라, 겨울에는 흩날리는 눈발을 헤치며 매화를 찾아 나섰다.

계절마다 유람하며 산수를 감상하고 여흥을 즐기던 풍속은 오래된 것이다. 삼국시대 신라인들은 이와 같은 사계절의 풍광과 정취를 즐기기 위해 철마다 옮겨 다니면서 승경(勝景)[17]을 감상할 계절별 별장을 마련하였는데, '사절유택(四節遊宅)'이 바로 그것이다.

또 조선시대에는 전국 팔도의 소문난 명승지를 두루 유람하고 그에 대한 감상을 적은 '유람기(遊覽記)'와 그림으로 남긴 '명승첩(名勝帖)'이 유행이었다. 이처럼 경치 좋은 곳을 찾아 유람하는 것이 선비들의 풍류이자 여가 문화였다. 유람을 떠나지 못하는 사람들은 유람기를 읽거나 '승람도(勝覽圖)'[18]라는 전국 유람 놀이판을 놓고 안방에

---

16 냇물에서 고기잡이하는 일.

17 뛰어난 경치.

18 각 지역의 명승지를 도표와 그림으로 만들어 윷이나 주사위를 굴려 숫자대로 유람하는 놀이판으로, '남승도(覽勝圖)'라고도 한다. 이 놀이는 출발점에서 시작하여 각지의 명승지를 돌고 다시 출발점으로 돌아오면 이기는 놀이이며, 주로 양반층이나 청년들이 즐겨 하였다.

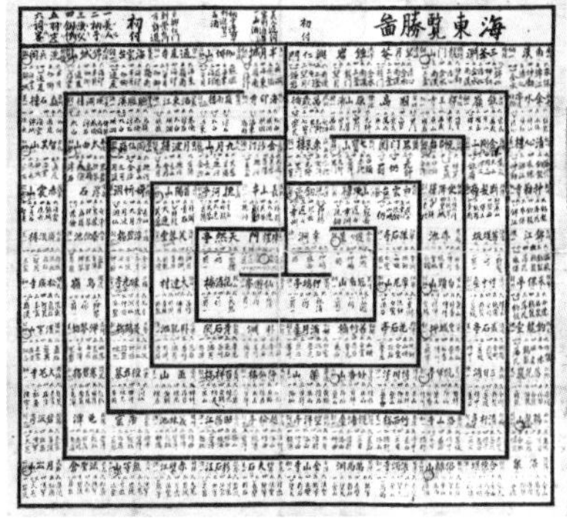

봄에 꽃놀이를 즐기는 모습을 그린 겸재 정선의 〈필운상화〉(1750 무렵). 꽃이 만발한 봄에 필운대에 올라 한양의 전경을 둘러본 모습이다(왼쪽). 승람도 놀이판의 일종인 〈해동람승도〉(오른쪽). 국립중앙박물관 소장.

서 팔도 유람을 즐기기도 하였다.

사시사철 산과 들로 나가 자연을 즐기는 것은 조상들로부터 내려온 오랜 전통이다. 이는 계절마다 다른 모습을 보여주는 산과 들, 바다와 강, 그리고 자연 변화 덕분이고 이것이야말로 우리 '놀이 문화'의 모태라 하겠다. 이러한 전통이 지금까지 이어져 산과 들뿐 아니라 공원과 유원지도 늘 사람들로 붐빈다.

공원과 유원지, 평양 시민의 놀이 문화

산천을 찾아 나서는 놀이 문화는 북한이라고 다를 리 없다. 조선시대에 평양은 풍류의 도시이자, 경치가 빼어나 천하제일강산으로 유명했다. 평양 시민들은 명절과 휴일이 되면 음식을 장만하여 가족과 친구, 또는 연인끼리 모란봉이나 만경대, 또는 대성산유원지 등 야외로 나간다. 특히 북한 최대 명절인 태양절과 인민군창건일, 국제노동자절 등에는 갖가지 전시회와 체육대회, 노래자랑 등이 열리며 많은 시민들이 공원과 유원지를 찾아 북적인다. 모란봉으로 향하는 오솔길에는 봄철에 살구꽃과 복숭아꽃이 만발하여 산책과 꽃구경을 하러 많은 이들이 찾고 있고, 버드나무숲으로 유명한 대동강변에는 데이트를 즐기려는 연인들로 북적인다.

여행이 자유롭지 못한 북한에서는 평양 시내의 공원과 유원지가 중요한 여가 생활 및 문화 공간이다. 최근에는 주요 공원과 유원지(개선청년공원, 릉라인민유원지, 만경대유희장, 대성산유원지 등)를 오가는 전용 버스를 운행해 공원이나 유원지를 찾는 평양 시민의 불편을 덜어주고 있다고 한다.

평양시에는 약 80여 곳의 크고 작은 공원과 유원지가 조성된 것으로 알려져 있다. 그중 평양의 가장 중심부라고 할 수 있는 중구역에 총 공원과 유원지의 20%에 해당하는 16곳의 공원이 있다. 그 외에도 대동강구역에 7곳, 서성구역에 6곳, 보통강구역에 4곳, 대성구역에 4곳, 선교구역에 4곳 등 시내 곳곳에 공원과 유원지가 있다. 그중 5~6곳은 규모로 보나 방문객들의 선호도로 보나 평양의 대표 공원이다. 통일부 자료에 따르면 평양의 주요 공원과 유원지는 약 50여 곳[19]

---

19 통일부 자료에는 4월15일 소년백화원, 강안공원, 개선청년공원, 경림아동공원, 대동문아동공원, 만수대분수공원, 모란봉공원, 모란봉청년공원, 문수공원, 문수봉공원, 비파아동공원, 사동공원, 산원공원, 삼각공원, 삼마아동공원, 상흥아동공원, 서장공원, 서천공원, 서평양역전공원, 안산공원, 역전공원, 오탄아동공원, 창광산공원, 창광원공원, 청년공원, 학당골분수공원, 해방산공원, 평양민속공원 등과 유원지로는 릉라인민유원지, 대동강유원지, 대성산유원지, 대성산유희장, 만경대물놀이장, 만경대유희장, 문수유희장, 배놀이장, 보통강유원지, 양각도유원지, 유희터, 창광원, 중앙동물원, 김일성 및 김정일화온실, 조선원예센터, 중앙식물원, 경흥관, 서산골프장, 어은원, 미림승마구락부, 문수물놀이장, 통일거리운동센터, 인민야외빙상장 등을 공원의 사례로 들고 있다(통일부 북한정보포털, http://nkinfo.unikorea.go.kr/nkp/overview/nkOverview.do?sumryMenuId=CL417 (검색어 '놀이시설')).

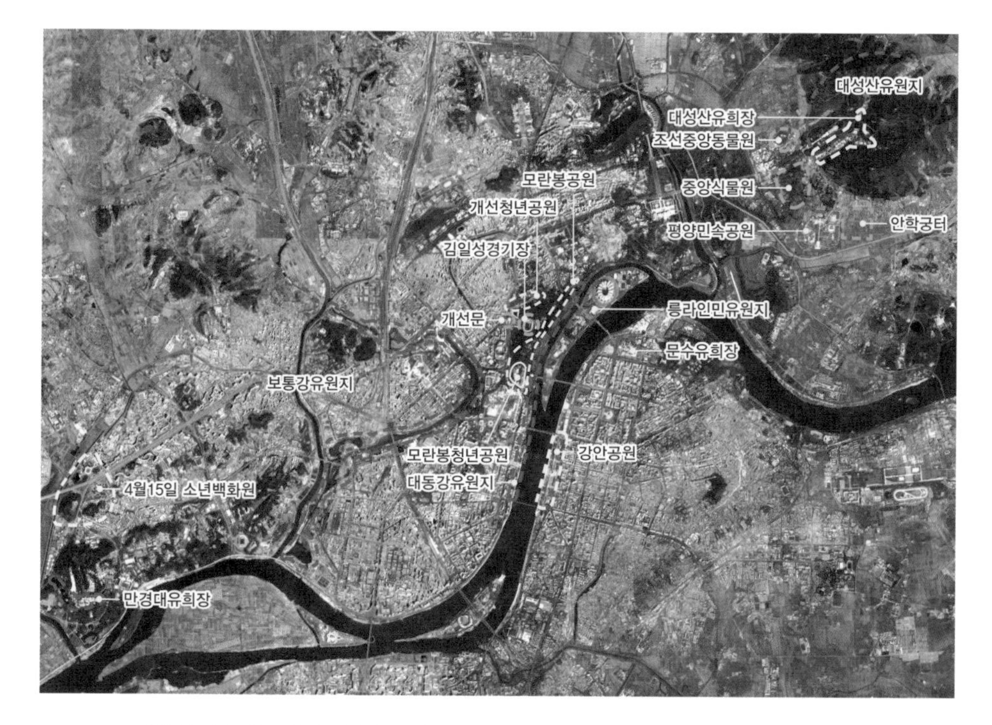

평양의 주요 공원과 유원지의 위치.

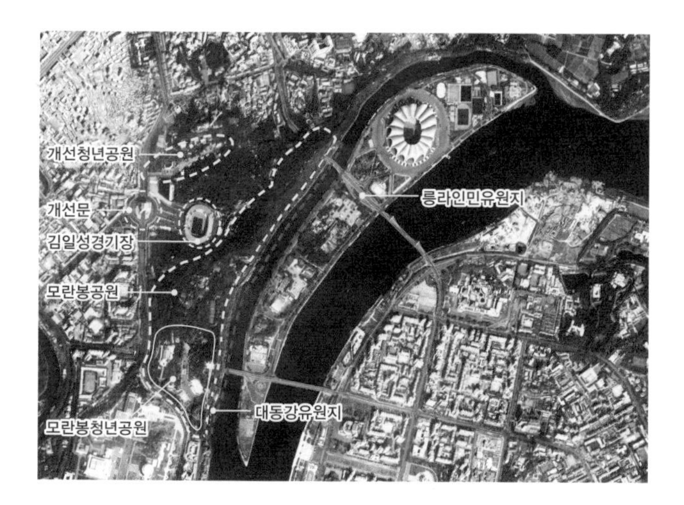

평양의 중심부인 모란봉구역에 위치한 공원과 유원지.

으로, 작은 공원까지 포함하면 서울 시내의 공원 수와 비슷할 것으로 추정된다. 최근에는 오락기구와 새로운 놀이시설이 대거 설치된, 현대화된 유희장 건설이 적극 추진되고 있다. 숲과 나무들이 우거진 조용한 오솔길과 연못이 어우러진 전통적인 공원보다는 각종 놀이시설과 편의시설이 들어선 '테마파크형' 놀이동산이 큰 인기를 얻고 있는 것이다.

한편, 평양과 서울의 여러 공원 중에 공원의 지리적 위치나 역사, 또는 그 기능과 구성을 비교해 보면 서로 비슷한 것들도 있다. 평양의 옛 도심 한복판에 조성된 보통강유원지는 그 역사와 위치 등이 서울의 청계천과 유사하고, 대동강유원지는 한강변의 뚝섬유원지나 광나루유원지와 비슷하다. 또 대동강변에 높이 솟은 봉우리에 위치한 모란봉공원은 한강을 내려다볼 수 있는 서울의 남산공원을 연상시킨다. 대동강 한가운데 자리 잡은 릉라도인민유원지[20]는 한강에 떠있는 선유도공원과 비교해볼 만하고, 평양의 외곽에 위치한 대성산유원지는 과천의 서울대공원과 그 성격이 유사하다.

그렇다면 북한이 내세우는 평양의 대표 공원과 유원지는 어떤 것이 있을까? 2002년 평양에서 발간된 『공원 속의 도시 평양』이라는 화보집에서 평양의 주요 공원을 살펴볼 수 있다. 이 책에는 김일성의 동상이 세워진 만수대를 시작으로 모란봉공원과 개선문 주변의 개선청년공원, 주체사상탑공원, 릉라도유원지, 만경대유희장(놀이공원), 금수산기념궁전과 대성산유원지 등을 소개하고 있다. 2017년 7월에는 북한 관광총국이 '조선관광'이라는 공식 홈페이지[21]를 개설하여 북

20 원래는 '릉라도유원지'로 부르다가 최근 김정은이 '릉라인민유원지'로 그 명칭을 바꾸었다.

21 tourismdprk.gov.kp

한 홍보와 관광객 유치에 나섰다. 이 홈페이지에는 모란봉공원, 개선청년공원, 만경대유희장, 대성산유희장, 룡악산유원지, 릉라인민유원지, 문수물놀이장 등 평양의 대표적인 공원과 유원지에 대한 간략한 정보도 소개되어 있다. 평양 시민들이 가장 즐겨 찾는 대표적인 공원과 유원지 몇 곳을 살펴보기로 하자.

평양의 공원

평양의 전망대, 모란봉공원

이미 모든 꽃의 왕이 됐으니　　既爲百花王
뭇 봉우리 중 으뜸이 되어야지　　宜作群峯鎭
아무리 광풍이 불어올지라도　　縱有狂風吹
기이한 꽃잎 끝내 아니 지느니　　奇葩終不盡

-이행(李荇, 1478~1534)[22]

조선시대의 문신으로 『신증동국여지승람』을 편찬한 이행의 이 오언절구는 모란봉이 가진 의미를 잘 표현한 시이다.

모란봉은 지리적으로나 역사적으로나 평양의 중심이다. 평양 시민들은 모란봉을 일컬어 '수도(首都)의 정원'이라고 한다. 모란봉

22 조선 중기의 문신으로 본관은 덕수(德水)이다. 이조판서, 대사헌, 홍문관 대제학과 우의정, 좌의정 등을 역임했다. 문장이 뛰어났으며, 글씨와 그림에도 능하였다고 한다. 저서로는 『용재집』이 있고, 1530년 『동국여지승람』의 신증(新增)을 책임졌다.

은 예부터 그 형상이 모란꽃과 흡사하다 하여 붙여진 이름이다. 해발 95m밖에 되지 않지만 대동강변에 솟아 있어 뛰어난 전망을 자랑하는 명승지이자 평양의 자랑거리이다. 모란봉에는 을밀대, 최승대, 청류정, 부벽루 등 정자와 누각이 자리 잡고 있어 평양팔경과 평양형승 중 거의 절반이 모여 있다.

고려 공민왕 때의 문신이었던 윤택은 시에 "층층 벼랑 위에 높은 다락이 험하다 이르지 말라, 마치 학을 타고 강물에 걸터앉은 듯. 들꽃은 색채를 날리며 봄뜻을 밝히는데, 달 아래 이슬은 빛을 매달아 나무 끝을 비추네. 상쾌한 바람 뜬 구름은 가랑비 온 뒤, 녹음방초(綠陰芳草)는 어느 때에 그치랴. 다락 앞의 안계(眼界)가 거칠 것이 없으니, 산과 구름이 평평하여 시름이 안 보이네"라고 하였다. 모란봉 주변 봄 풍광과 부벽루의 모습을 매혹적으로 표현한 시이다.

일제강점기에는 모란봉 주변을 한때 '국립공원(國立公園)'으로 지정하려는 계획을 세우기도 하였다. 조선총독부는 1937년에 발행한 『조선보물고적명승천연기념물요람』에서 '평양의 모란대'를 '고적 및 명승 제1호'로 지정하였다. 근대 최초로 지정된 국내의 고적이자 명승지인 셈이다. '고적 및 명승 제1호'로 지정될 당시의 모란대에 관한 설명은 다음과 같다.

> 모란대는 평양의 북부 일대의 고지(高地)로, 대동강의 벽류(碧流)에 인접해 있으며, 취송(翠松), 단암(斷巖), 누문(樓門) 등 여러 곳이 강물에 비친다. 그 풍광이 대단히 아름다워 예부터 문인 가인들이 시조의 제재로 삼았을 정도로 실로 천하의 절경이다. 이 지역 내에는 기자릉, 을밀대, 부벽루, 현무문 등이 고적 각 곳에 점재(點在)해서 고적지로서 보존될 가치가 있을 뿐 아니라, 이 지역

1920년대 봄의 모란봉(왼쪽)과 모란대 일대(오른쪽).

일대는 고구려시대의 성터를 비롯해서 고려, 이씨 조선을 거치면서 평양성벽의 주요부를 형성해, 멀게는 임진왜란을 비롯해서 가까이는 청일, 노일전쟁의 전쟁지로 유명한 곳이다.

해방 후 평양성, 연광정, 부벽루, 최승대, 을밀대 등 역사 유적지가 남아 있는 모란봉 위에 조성된 공원인 모란봉공원은 북한 현대 공원의 시발점이다. 모란봉에서는 평양의 옛 시가지인 본평양과 서평양은 물론 대동강과 멀리 신시가인 동평양도 바라다볼 수 있어 전망대와 같은 곳이다. 마치 서울의 강북과 강남, 그리고 한강을 굽어볼 수 있는 남산공원을 연상시킨다. 평양의 모란봉공원(해발 95m)과 서울의 남산공원(해발 262m)은 각각 대동강변과 한강변에 위치한 산봉우리를 중심으로 한 공원이라는 점과 평양 시내와 서울 시내를 한눈에 둘러볼 수 있는 전망대 역할을 하는 점 등 지형학적 유사점이 많다. 또 모란봉공원 주변에는 평양성이, 남산공원 주변에는 한양도성이 자리 잡고 있는 것도 흡사하다.

반면 케이블카, 승용차 등을 이용하여 꼭대기인 N서울타워까지 접근할 수 있으며 편의시설이 다양한 남산공원과 달리 모란봉공원은 걸어서 숲속을 산책하며 주변 경관을 감상하거나 을밀대, 최승대, 부

사진 오른쪽 위에 위치한 경치가 가장 빼어난 곳이라는 의미의 최승대는 모란봉 가장 높은 곳에 자리 잡고 있으며 조선 후기에는 봉화대로 사용되었다고 한다. 김일성의 지시로 복숭아나무, 살구나무, 매화 등을 심어 화사한 봄꽃들을 즐길 수 있게 하였다. 사진 아래쪽에는 현무문이 보인다.

벽루 등 정자에 올라 평양 시내와 대동강을 바라볼 수 있다. 따라서 모란봉공원은 역사유적이 많고 경관이 수려한 '역사공원'이나 '자연공원'에 더 가깝다.

모란봉공원은 을밀대, 청류정, 최승대 등의 문화유적을 포함한 넓은 지대의 문화휴식공원구역과 해방탑 남서쪽의 아동공원구역이 1947년에 먼저 조성되었고, 1949년에는 현재 김일성경기장 부근의 동물원과 모란각 자리의 식물원구역이 조성되었다. 동물원에는 각종 포유류와 조류, 그리고 애완용 동물을, 식물원에는 30여 과(科)[23]의 식물과 80여 종의 열대식물을 전시하였다. 모란봉공원이 개장한 후 3개

23 생물 분류학상의 단위. 속(屬)의 위, 목(目)의 아래이다.

월 동안 약 36만여 명이 이용했다고 하니 평양 시민을 위한 초창기 대중을 위한 휴식터로 자리매김한 곳이라 할 수 있다.

모란봉공원은 부지 내에 다양한 시설을 설치하여 새롭게 꾸민 공원이라기보다는 울창한 숲과 빼어난 전망, 그리고 남아 있는 문화유적 등의 기존 여건을 적극 활용한 공원이라 할 수 있다. 공원 내에는 여러 곳에 인공 폭포를 조성했는데, 경상골의 모란폭포와 청류벽으로 넘어가는 절벽에 있는 청류폭포가 대표적이다. 모란봉공원의 식재에 관해서는 김일성이 특별히 지시하기도 하였다.

나무에 관심이 많았던 김일성은 "과일나무가 가로수로는 알맞지 않지만 공원에는 좋습니다. 그래서 모란봉공원에도 복숭아나무를 좀 심으라고 벌써 몇 해 전에 말하였는데 해방탑으로 올라가는 길옆에 몇 그루 심었을 뿐이고, 다른 데는 보이지 않습니다. 모란봉에 복숭아나무, 살구나무, 배나무 등과 같은 과일나무를 많이 심고 함박꽃, 국화꽃을 비롯하여 여러 가지 꽃을 많이 심어야 하겠습니다. 그렇게 하면 봄에는 복숭아꽃, 살구꽃, 배꽃을 볼 수 있으며, 여름에는 함박꽃, 가을에는 국화꽃, 이와 같이 사시사철 가지각색의 아름다운 꽃들을 볼 수 있을 것입니다"라고 지시하였다.

그 결과 공원 곳곳에는 복숭아나무, 살구나무, 배나무, 매화, 진달래, 모란, 무궁화 등 각종 과수와 꽃나무가 식재되었다. 또 1958년

모란봉공원 안에 위치한 애련정(왼쪽)과 일요일 오후의 모란봉공원(오른쪽).

(위) 모란봉 서쪽에 위치한 김일성경기장. 모란봉의 경관을 해치지 않도록 증축하였다고 한다. 경기장 뒤쪽이 바로 모란봉이다.
(아래) 현재의 김일성경기장 자리에 있었던 기림공설운동장. 일제강점기 야구장으로 이용되었던 모란봉 기슭의 기림공설운동장을 모란봉에서 내려다본 모습이다. 일제강점기 사진엽서.

에는 김일성이 모란봉에 직접 전나무와 잣나무를 심었는데, 이 나무들은 현재 북한의 천연기념물 제395호로 지정되어 있다(「부록」의 '평양시의 천연기념물' 참조). 꽃나무가 많고 전망이 좋으며, 자연 풍광이 아름다운 모란봉공원은 시민들의 쉼터이기도 하지만 결혼식을 끝낸 신혼부부들의 사진 촬영지로도 각광을 받고 있다.

모란봉공원의 중심인 모란봉은 김일성이 매우 중요하게 생각했다고 한다. 모란봉 옆의 김일성경기장[24]을 더 높게 증축하고자 할 때, 모란봉의 경관을 해친다고 김일성이 반대하여 경기장 높이는 그대로 두고 경기장의 바닥을 더 낮추는 방법으로 문제를 해결했다고 전해진

24 현재 평양특별시 모란봉구역 개선동에 있는 김일성경기장은 일제강점기인 1926년에 건설되었다. '기림운동장', '평양공설운동장'으로 불리다가, 해방 후 '모란봉경기장'으로 이름이 바뀌었다. 원래 수용 가능 인원이 약 5만 명 정도였으나, 1982년 김일성의 70회 생일을 기념하기 위해 대폭 확장·개축하고 명칭도 '김일성경기장'으로 바꿨다. 연건축 면적 14만 6천m^2, 운동장 면적 2만 3백m^2이고 수용 인원은 약 10만 명이다. 서울 잠실에 있는 서울올림픽주경기장과 규모가 비슷하다. 2017년에는 남북한 여자축구 아시안컵 예선전이 열렸다.

다. 그 결과 모란봉 아래에 위치한 김일성경기장은 많은 인원을 수용할 수 있는 거대한 경기장임에도 주변의 지형과 경관을 크게 해치지 않고 있다. 빼어난 자연조건을 바탕으로 해방 후 평양에 조성된 초창기 공원으로서의 의미가 큰 모란봉공원은 여전히 평양의 대표적인 공원이다.

KBS 〈전국노래자랑〉의 무대, 모란봉청년공원

모란봉청년공원은 을밀대, 청류정, 부벽루 등이 자리 잡은 모란봉의 남쪽 기슭에 1959년 5월 15일 준공되었다. 모란봉청년공원은 1947년에 조성된 모란봉공원이 확장된 것이라고 할 수 있다. 모란봉공원과 모란봉청년공원은 모란봉을 중심으로 바로 인접하여 조성되었기 때문에 정확한 구역을 나누지 않고, 종종 이 두 공원을 합해 '모란봉공원'이라고도 부른다.

'자연지리적 조건과 인민의 민족적 기호에 맞는 조선식 공원'으로 꾸몄다고 하는 모란봉청년공원은 자연 풍광이 아름다운 기존의 명승지를 활용한 공원으로, 주변에는 이미 옛 평양성의 북문인 칠성문(七星門)[25]과 1954년에 재건된 모란봉극장, 그리고 1947년에 건립된 해방탑이 자리 잡고 있었다.

모란봉공원이 대동강변의 빼어난 자연 풍광과 산을 중심으로 한 공원이라면, 나지막한 두 갈래 능선 사이의 경상골이라 불리는 골짜기에 위치한 모란봉청년공원은 계곡을 중심으로 조성되었다. 공원의 입구가 여러 곳에 나 있어 평양 시내 어디서나 출입하기 수월하며 평양 지하철 '통일역'이 공원 입구 가까이에 있어 교통도 편리하다. 통

25 북한의 국보 문화유물 제18호로 지정된 성문으로 정면 3칸, 측면 2칸의 합각지붕 건물이다. '칠성문'이라는 성문 이름은 북두칠성에서 딴 것으로 북문을 의미한다.

일역 서쪽으로는 1972년 김일성 탄생 60돌을 기념하기 위해 세운 만수대 대(大)기념비가 있다. 주진입로인 통일역 바로 앞에는 1961년 어린이용 물품만을 취급하기 위해 개업한 평양아동백화점이 있어 남녀노소 두루 이용하는 공원이다.

'청년공원'이라는 명칭은 김일성이 지은 것이다. 공원의 준공식에 참석한 김일성은 "공원의 주입구와 중심부 사이의 통로를 넓게 하고 좌우에 화단을 조성하라", "정자의 기둥을 나무로 하면 썩기 쉬우니 콘크리트로 하고 색칠을 해라", 또는 "폭포 앞에 가을 풍치를 느낄 수 있도록 단풍나무를 심어라" 등 공원 조성에 많은 애착을 가지고 여러 지시를 내렸다고 한다.

모란봉청년공원은 크게 대중정치사업구[26], 아동구, 문화오락구, 휴식구 등 네 구역으로 나뉘어 조성되었다. 대중정치사업구는 공원의 진입부 전면에 조성되어 접근성과 활용성을 높였다. 이곳에는 집회와 공연, 대규모 행사 등을 치를 수 있는 야외극장을 설치하였다. 1989년 전국대학생대표자협의회 대표로 제13차 세계청년학생축전에 참가하기 위해 평양에 들어갔던 우리나라의 임수경 전(前) 국회의원이, 북한의 조선학생위원회 김창룡 위원장과 한반도 분단 이후 처음으로 남북한 통일을 위한 〈남북 학생 공동 선언문〉을 낭독한 곳도 이곳 야외극장이었다. 2003년 KBS 1TV의 광복절 특집 〈전국 노래자랑-평양편〉 공연도 이곳에서 펼쳐졌다.

야외극장 앞의 넓은 광장에는 분수를 설치하여 공원의 중심을 형성하고 있다. 이 광장에서 과거에는 일주일에 한두 번씩 방송차가 나와 음악을 틀어주면 수많은 사람들이 모여 춤을 추었다고 한다. 작

---

26 대중정치사업구는 대부분 공원 입구 주변에 있다. 집회나 예술 공연, 단체 오락 등 야외 활동을 위한 공간으로 넓은 광장이나 야외극장 등이 들어서 있다.

모란봉청년공원의 여름 풍경. 멀리 인공적으로 조성된 모란폭포가 보이고 바위 위에는 평화정이 자리 잡고 있다.

은 어린이 공원이라 할 수 있는 아동구는 약 1.4ha의 넓이로 공원 입구 주변에 자리 잡고 있으며, 어린이들을 위한 오락시설과 기구 들이 있는 놀이터이다. 아동구 바로 앞에 평양아동백화점이 있다.

골짜기 안쪽 주변의 숲속에 조성된 문화오락구와 휴식구에는 평화정과 승리정 등 정자와 폭포, 연못, 오솔길 등을 만들었다. 넓은 연못과 폭포가 조성된 평화정 주변을 '물풍치지역'[27]이라고도 부르는데, 그 면적이 약 10ha에 달한다. 대동강 물을 인공적으로 끌어올려 만든 폭포는 '모란폭포'라고 불리며 높이가 22m, 넓이가 4m로 2단 구성이며, 그 아래에는 연못과 수중다리를 설치하였다.

골짜기 숲 안쪽으로는 야외음악당과 송어를 기르는 연못도 있다. 또 공원 내에는 140여 종 8만여 그루의 나무를 식재해 사철 다양한 풍치를 느낄 수 있게 하였다. 공원을 조성하면서 나무에 관심이 많았던 김일성은 식재 수종과 방법에 관해서도 의견을 내놓았다고 한다. 김일성은 공원의 중심부 화단에는 함박꽃나무, 국화, 모란, 해당

27 연못이나 계곡, 폭포 등 물이 주요 조경 요소를 이루는 장소로 우리나라에서는 '수경관(水景觀)지역'이라고 부른다.

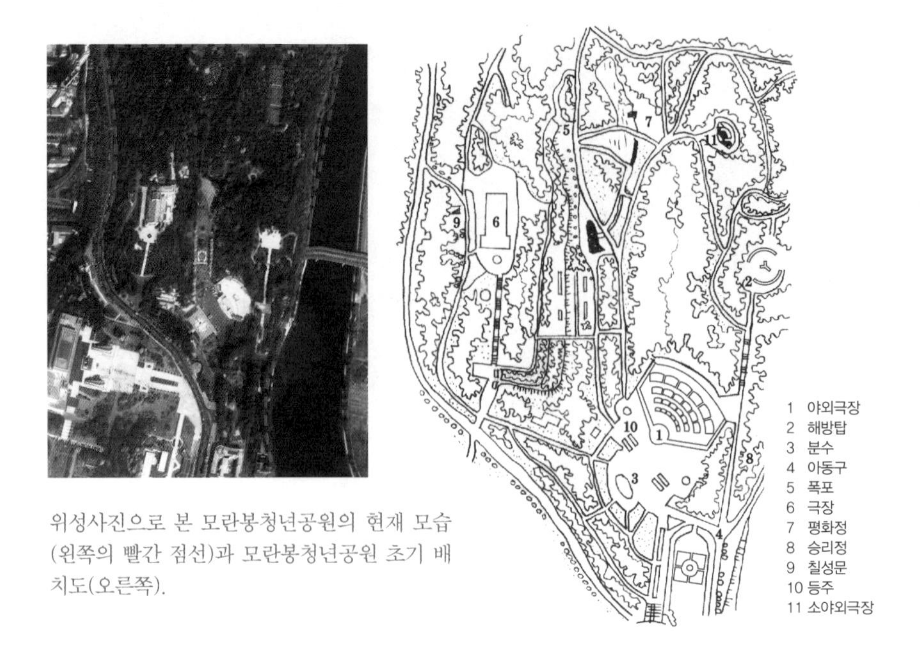

위성사진으로 본 모란봉청년공원의 현재 모습(왼쪽의 빨간 점선)과 모란봉청년공원 초기 배치도(오른쪽).

화, 숙근초 등 화목류를 심고, 공원 곳곳에는 수수꽃다리, 진달래, 매화, 해당화, 병꽃나무, 조팝나무, 철쭉, 복숭아나무, 살구나무, 배나무 등을 심을 것을 지시하였다.

모란봉청년공원은 평양의 도심 한복판에 위치한 개선청년공원과 함께 주위가 울창한 숲으로 둘러싸인 평양 시내의 중요한 공원이다.

청년 김일성의 연설 무대, 개선청년공원

평양 개선문 바로 옆에 자리 잡은 개선청년공원[28]은 총 부지 면적이 약 40ha에 달하는 평양의 대표적인 '인민들을 위한 문화휴식공원'이다. '개선청년공원'이라는 명칭은 이곳에서 김일성이 청년 장군으로 북한에 개선해서 역사적인 연설을 한 것을 기념하기 위해 김정일이 붙인 이름이라고 한다. 평양시 모란봉구역에 위치한 개선청년공원

28 공원 안에 각종 유희시설이 있어 '개선청년공원유희장'이라고도 한다.

은 주변에 개선문, 김일성경기장이 있고 모란봉의 숲과 연결되어 있다. 지하철역 개선역이 공원 입구 가까이 있어 접근성도 매우 좋다. 도심 한복판에 있으며 최신 놀이시설이 많아 지리적 여건과 공원 성격상 서울의 롯데월드와 흡사하다. 평양시의 공원 중에 최근 가장 인기 있는 놀이공원 중 하나로 야간 개장 시간도 밤 11시까지여서 젊은이들이 즐겨 찾는 곳이다.

개선청년공원은 평양의 개선문을 둘러본 김일성이 모란봉 북쪽 골짜기인 고노골을 정비하여 공원을 조성해볼 것을 지시한 것이 계기가 되었다. '고노골'이라는 명칭은 고니새가 많이 날아들던 골짜기라는 데서 유래하였다고 한다. 그 후 김정일이 이곳을 '로동당시대의 대표적인 공원'으로 구상하여 1984년 7월 개장하였다.

공원 부지는 동서 방향으로 다소 길며 공원 중심부는 낮은 평지이지만 북동쪽으로는 다소 경사가 있다. 즉, 주진입부가 있는 서쪽으로 틔어 있으며 북쪽과 동쪽, 그리고 남쪽의 삼면이 낮은 경사를 이루며 공원을 에워싸고 있는 모양새다. 개선청년공원에서 바라보면 개선문과 멀리 류경호텔이 보인다.

개선청년공원은 동선 계획과 구역 분할을 중시하여 조성했으며, 자연적인 입지 조건과 이용 특성을 고려하여 전망 및 휴식구역, 봉사구역, 유희 및 오락구역, 동방식 공원구역, 경영구역, 산책 및 조용한 휴식구역 등 총 여섯 개 구역으로 나누었다.

전체적인 평면 배치를 보면 서쪽 개선문 광장에서 진입했을 때 주입구 주변에 전망 및 휴식구역, 그리고 봉사구역이 있다. 안쪽으로 들어가면서 유희오락구역, 동방식 공원구역을 거친다.

전망 및 휴식구역과 봉사구역은 인근에 있는 개선문, 김일성경기장, 개선거리, 봉화거리 등을 오가는 사람들도 이용할 수 있고 공원

(위) 개선청년공원 입구 주변에는 개선문과 김일성경기장이 위치해 있다. 사진 왼쪽의 아래쪽이 개선청년공원 입구이다.
(아래) 개선문광장 입구에서 바라본 개선청년공원.

과 주변을 구획짓는 역할도 한다. 또 전망 및 휴식구역에는 폭포와 개울, 분수 등을 설치하였는데, 개선문 쪽에서 바라보는 전망도 고려하여 높이 4m, 3m, 2m로 각기 다른 3단 폭포를 조성하고 폭포 사이의 개울은 자연 상태의 암반을 그대로 이용했다고 한다. 연못 한가운데에는 분수를 설치하고 연못가에 오각형 정자인 청수정을, 봉사구역에는 이용객의 편의를 위해 야외 및 실내 식당과 위생시설을 배치하였다.

공원의 중심부 넓은 공간에 자리 잡은 유희 및 오락구역에는 각종 오락기구와 시설[29]을 두고 각각의 시설물 사이에는 나무를 심어 녹지로 연결하였다. 1984년 개원 당시에는 다른 공원이나 유희장에서는 찾아볼 수 없는 새로운 유희시설과 놀이기구를 설치하여 평양의

29 초창기에 설치되었던 회전목마, 진동회전반, 광선총, 대관람차 등의 오락기구와 시설 들은 최근 새로운 것들로 교체되었다고 한다.

대표적 놀이공원 역할을 했다. 당시 김정일은 "공원에는 유희기구들을 놓아야 현대적 미감과 공원 맛이 난다"고 하면서 현대적인 놀이시설과 기구 들을 더 많이 배치하도록 지시하였다.

동방식 공원구역은 지형적인 입지 조건을 고려하여 공원의 가장 안쪽에 두었다. 이곳에는 개울을 막아 연못을 조성하고 은사각이라는 정자를 배치하여 산속의 정취를 자아내게 하였다. 고노골의 지형에 맞으면서도 도시 한가운데에서 심산유곡의 풍경을 느낄 수 있도록 계획된 동방식 공원구역은 특별히 김정일의 지시에 따른 것이다. 공원의 북사면에는 관리소를 비롯한 공원 관리와 경영에 필요한 시설물들이 배치된 경영구역이 있으며, 공원 외곽 숲속에 산책로를 배치하여 산책하거나 휴식을 취할 수 있는 공간을 마련하였다.

개선청년공원은 소나무, 잣나무 등의 상록침엽수와 느티나무, 은행나무 등의 녹음수를 식재하였다. 또 사계절 자연 풍치를 즐길 수 있도록 살구나무, 벚나무, 함박꽃나무, 진달래, 장미, 무궁화, 국화 등 화목류를 심어 다양한 경관을 연출하였다.

개선청년공원은 2010년 새롭게 리모델링하여 개장하였는데, 그해 4월에는 김정일이 직접 둘러보며, "공원의 지형 조건과 설비 특성에 맞는 불장식[30]을 더 잘 해 밤에도 공원의 아름다운 면모가 뚜렷이 나타나게 해야 한다"면서 "특히 평양시에서는 원림 조성사업을 전망성 있게 잘 해 도시 전체가 하나의 큰 공원을 이루게 함으로써 수도 평양이 '공원 속의 도시'로 아름다운 모습을 빛내게 해야 한다"고 지적했다고 한다. 김정일은 그가 사망한 2011년 겨울에도 김정은과 함께 이곳을 방문하여 많은 관심을 표하였다. 당시 김정은은 직접

30 '네온사인'을 이르는 북한말.

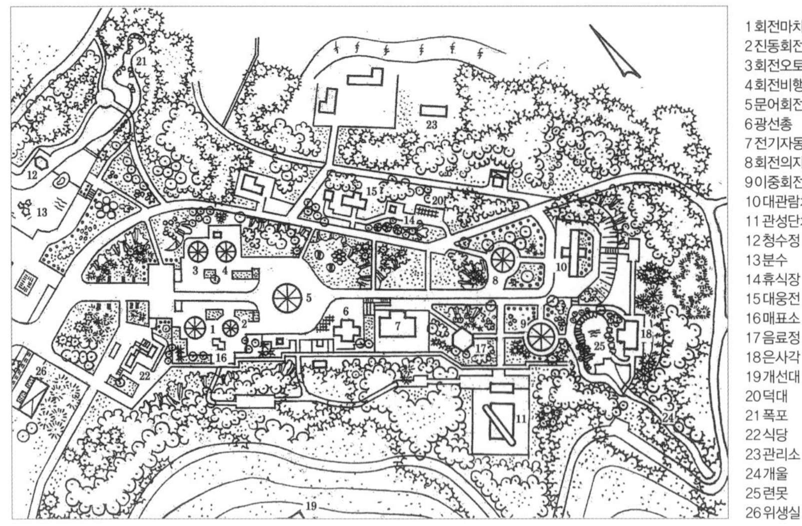

개선청년공원 총계획도(《조선건축》(1991)).

이곳의 놀이기구를 타고 즐거워했다. 개선청년공원은 급강하탑[31], 배그네[32] 등 최신 놀이시설을 설치해 평양 시민들이 밤늦게까지 이용하고 있다. 북한에서는 놀이시설이 많은 개선청년공원을 "청년들에게는 담력을 키워주고 나이 많은 사람들에게는 새 힘을 주는 곳"으로 소개하고 있다.

개선청년공원의 놀이기구에 설치된 네온사인을 북한에서는 매우 특색 있고 자랑스럽게 여긴다. 움직이는 놀이기구에 설치된 네온사인은 다른 곳에서는 보기 힘든 훌륭한 장식 효과를 내며 북한의 날로 발전하는 '불장식 기준의 높은 수준'을 보여주는 것이라고 자평한다. 개성청년공원은 시내 한복판에 있는 공원이므로 일과 시간보다 퇴근 시간 이후에 더 많이 이용할 수 있도록 야간에도 개방하라는 김정일의 지시에 따라 전력이 부족한 북한에서도 저녁 늦게까지 운영되

31 우리나라의 '자이로드롭'으로 높이 40m에 달한다고 한다.
32 우리나라의 '바이킹'과 같은 놀이기구.

사진 왼쪽에서부터 시계 방향으로 2010년 새로 단장한 개선청년공원의 놀이시설, 개선청년공원에서 놀이기구를 타고 즐거워하는 사람들, 야간 조명을 밝힌 개선청년공원의 야경.

고 있다.

공원을 찾는 평양 시민이 많아지고 데이트를 즐기는 젊은이들이 많이 몰리면서 공원 앞에 암표상까지 등장했다는 소식이다. 모란봉과 개선문, 김일성경기장 등이 바로 인접해 있으며 도시 한가운데 있는 개선청년공원은 각종 놀이 기구까지 있어 특히 10대와 20대가 가장 좋아하는 공원이라고 한다.

평양의 민속촌, 평양민속공원

평양민속공원은 2012년 개장되었다가 2016년에 해체된 공원으로[33] 여러모로 특이한 공원이었다. 개장 기간이 약 4년 남짓밖에 되지 않

33 일설에 따르면 김정은이 평양민속공원 조성을 주도한 장성택(張成澤, 1946~2013. 북한의 정치가로 김일성 전 주석의 큰딸 김경희의 남편이자 김정일 전 국방위원장의 매제이며, 김정은의 고모부이다. 국방위원회 부위원장 겸 조선노동당 행정부장, 조선노동당 정치국 위원을 지냈으며, 2013년 12월 국가전복음모죄로 처형되었다)의 흔적을 지우는 차원에서 해체되었다는 설도 있다. 2016년 2월 22일자 〈평양민속공원이 전하는 이야기〉라는 제목의 《로동신문》 기사를 끝으로 북한에서는 더 이상 평양민속공원에 대한 기사나 기록이 보이지 않는다.

2016년 해체 전 평양민속공원. 사진 오른쪽 맨 끝에 보이는 탑이 지금은 소실되고 없는 경주의 황룡사구층목탑을 재현한 것이다.

아 단명했던 평양민속공원은 경기도 용인의 한국민속촌과 충남 부여의 백제문화단지, 경주의 신라밀레니엄파크 등을 합쳐놓은 것과 비슷한 공원이었다고 할 수 있다.

평양민속공원은 평양시 중심부에서 승용차로 약 1시간 가량 걸리는 대성산 남쪽 기슭에 조성되었다. 약 200ha의 넓은 부지에 자리 잡았던 평양민속공원은 "조선의 역사와 민족성을 후세에 전하기 위한 시설이 필요하다"라는 김정일의 지시로 2009년 4월에 착공하여 2012년 9월에 준공하였다.[34] 그러나 2016년 김정은의 지시에 따라 해체되었다고 한다. 여기서는 해체되기 전 평양민속공원의 모습을 토대로 공원의 공간과 시설물에 대해 살펴보기로 한다.

북한은 평양민속공원을 '대규모 노천박물관이자 전통문화 체험장으로 외국의 민속공원과는 다른 우리식의 민속공원'이라고 선전하였다. 북한은 이 공원을 기존의 공원과 달리 산과 물, 폭포, 개울 등 산수풍경 요소와 역사 유적 및 유물, 각종 시설물 같은 건축 요소, 그리고 꽃과 나무, 각종 동물 등 생태적 요소를 두루 갖추어 탐방객들

34 원래는 김일성의 100회 생일인 2012년 4월 15일 태양절에 맞춰 개장하려고 했으나 공사가 늦어져 9월에 준공하였다.

2012년 개장 직후 하늘에서 본 평양민속공원(왼쪽). 한반도 지형을 모티프로 한 '조선지도 풍치구'가 선명하다(빨간색 원으로 표시한 부분). 2016년 해체된 모습(오른쪽).

의 시각, 청각, 촉각 등을 고려하고 심리적·미적 요구에 적합하게 설계한 '생태경관공원'이라고 자랑하였다. 즉 대성산을 배경으로 한 자연경관에 연못과 동식물이 어우러지고 역사 건축물이 조화를 이루어 탐방객들의 기대를 충족할 수 있는 공원이라는 것이다. 또 물 재생 순환 체계를 확립하여 오수 정화 처리를 거친 물을 관개용수와 세척용수로 사용할 수 있도록 설계한 에너지 절약형 공원이었다고 한다. 한마디로 자연과 역사, 민속과 문화 등 다양한 성격을 가진 복합적 공원이었다.

이 공원에는 원시시대부터 고조선, 고구려, 발해, 고려, 조선시대까지 우리 민족의 건축술을 보여주는 궁궐과 관청, 그리고 민가 건물들이 여럿 있는데, 그 설계와 시공은 백두산건축연구원[35], 평양건설건

35 1982년에 창립된 북한의 대표적인 건축 설계 연구 기관이다. 당시의 평양건설건재대학의 졸업생들이 대거 선발되어 조직되었다고 한다. 북한 당국에서 추진하는 여러 설계 작업을 도맡아 하고 있다. 지난 30여 년 동안 약 2,000여 건의 대상지를 설계하였다고 한다. 1995년에 준공된 당창건기념탑과 최근에 조성된 평양의 류경원, 능라도의 곱등어관, 미래과학자거리, 평양국제비행장 항공 역사, 삼지연학생소년궁전 등이 대표적인 작품이다. 이 연구원에서는 생태 건축, 환경 설계 등에도 관심을 보여 관련 도서도 출간하였다.

재대학[36], 평양도시계획설계연구소[37] 등 북한 최고의 건축 기관이 맡았다.

평양민속공원은 역사종합교양구, 역사유적전시구, 현대구, 민속촌구, 민속놀이구, 경영관리구 등으로 나뉘어져 있었다. 공원의 정문은 남쪽에 있었으며, 주입구의 정문 축선 맨 끝에는 백두산의 축소 모형이 배치되었고 그 앞으로 주체사상탑 모형을 설치하여 공원의 중심축을 형성하였다. 중심축 동쪽에는 각종 역사유적 건축물을 배치하였고 서쪽에는 한반도 형태의 대형 인공섬을 조성하였다.

공원 입구에는 역사종합교양구가 있었는데, 이곳에는 선사시대부터 근대에 이르는 반만년 우리 민족의 역사를 대형 벽화 형식으로 제작하여 설치하였다. 역사유적전시구에는 원시시대부터 조선시대까지 대표적인 역사유적과 유물을 배치하였다. 고인돌과 단군릉, 동명왕릉, 광개토대왕비, 백제의 미륵사탑, 신라의 황룡사탑, 첨성대, 조선시대의 측우기, 북관대첩비, 이순신장군 동상 등 역사 유물을 1대 1 또는 축소 모형으로 제작하여 전시하였다. 그 중에서도 특히 고구려를 부각시키고자 노력하였다. 공원 내 고구려구역은 공원의 가장 안쪽인 북동쪽에 자리 잡았는데, 고구려 관청, 사찰, 군영, 경당, 민가 등을 복원해 놓았다. 고구려구획 중심부에 관청을 두고 양옆으로 군영과 경당(扃堂)[38]을, 뒤쪽에는 사찰을 배치하였다.

36 2012년에 개편되어 '평양건축종합대학'으로 교명(校名)이 바뀌었다.

37 1947년에 창립된 연구소로 당시에는 '도시경영부직속설계사업소'로 불렸다. 전후 평양시복구건설총계획을 수립하였으며, 천리마거리, 광복거리, 통일거리 등 평양의 주요 도시계획 설계를 주관하였다. 최근에는 만수대지구건설설계, 릉라도유희장설계 등을 수행하였다. 그 외에도 대성산유원지총계획, 만수대 인민극장 주변 설계, 마식령스키장 원림계획 등 공원이나 유원지의 원림 설계도 실행하고 있다.

38 고구려시대에 각 지방에 세운 사학 기관. 평민층의 미혼 남자를 모아 경학(經學)과 문학, 무예를 가르쳤다.

현대구에는 백두산을 배경으로 삼지연대 기념비, 주체사상탑, 당창건기념탑, 조국해방전쟁승리기념탑, 천리마동상, 류경호텔, 릉라도 5월1일 경기장 등의 축소 모형을 배치하였다. 이들 건축물들은 주체사상탑을 중심으로 공원의 가장 중심부 안쪽에 자리 잡고 있다. 원형 방사상 산책로가 사방으로 뻗어 있는 중심에 세운 주체사상탑은 '주체사상이 전 세계를 환히 밝힌다는 것을 형상적으로 표현'한 것이라고 한다. 주체사상탑의 남서쪽으로는 약 2ha 크기의 '조선지도 풍치구'라는 한반도 모양의 인공섬을 조성하고 삼면을 물로 채워 바다로 둘러싸인 한반도를 그대로 표현하였다. 그 안에 백두산과 천지, 백두대간 등 주요 산맥과 한라산과 백록담, 제주도는 물론 울릉도와 독도 등을 정교하게 재현해 놓았다. 또 서쪽과 동쪽으로 다리를 놓아 한반도 안쪽으로 산책할 수 있게 하였고, 서쪽 호숫가에는 거북선을 실제 크기로 제작하여 설치하였다. 세로 160m, 가로 100m 크기의 이 한반도 형태의 인공섬 주변에는 안학궁, 상경용천부, 만월대, 경복궁, 경주 안압지 등과 관동팔경, 관서팔경의 축소 모형을 배치하여 마치 미니어처 공원을 연상케 하였다.

평양민속공원 내에 있었던 한반도 형태의 대형 인공섬. 사진 앞쪽에 보이는 것이 백두산이고 동해안을 따라 태백산맥을 형상화하였으며, 사진 중앙의 못 가운데에는 울릉도와 독도를 만들어 놓았다.

민속촌구에는 선사시대 움집부터 고대 살림집, 고구려의 관청과 문, 무관의 집, 사찰과 민가, 발해의 궁전, 고려의 성균관, 조선의 지역별 건축물, 살림집과 방앗간, 대장간, 약방 등 생활 관련 건축물을 분산 배치하였다. 이들 건축물 내부에는 각 시대별 생활 문화를 알 수 있도록 각종 생활용품과 의복, 악기, 무기 등의 유물을 전시하였다. 복원

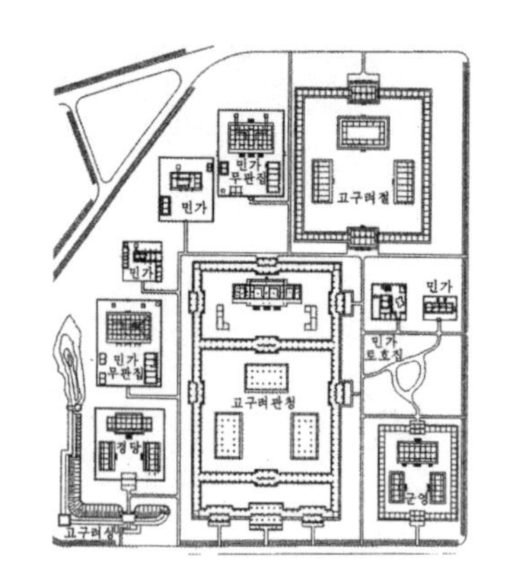

평양민속공원 내 고구려구획 건축계획도(《조선건축》(2011)).

된 살림집에서는 전통 음식인 평양냉면 등과 도자기, 인형, 민속놀이 기구 등 각종 수공예품의 제작 과정도 보여주었다. 마치 우리나라 민속촌의 모습과 유사하다고 할 수 있다. 이곳에는 제주도 살림집과 2000년 제주도지사가 선물한, 현무암으로 만든 장승도 전시되어 있었다고 한다.

평양민속공원은 새롭게 조성된 공원이었던 만큼 식재 계획[39]도 공원의 성격과 특색에 맞게 실행되었다. 우선 사료(史料)에 근거해 식재 수종을 선정하였다는 점이 다른 공원과의 차이점이었다. 공원 내 식재는 사료 탐구와 유적 답사, 벽화 무덤 자료 등을 통해 각 시대별로 이용했던 수종과 배식(培植)[40] 형태를 조사하고 그것을 바탕으로 식재 계획을 수립하였다. 과거의 건물과 시설물 복원뿐 아니라 역사적 기록을 중심으로 당시의 식생 경관도 복원했다는 점은 매우 중요하다. 이는 문화재 정비 복원의 새로운 방향으로 평가할 만하기 때문이다. 또 건축물의 특징과 축척을 고려하여 수종을 선정하고 배치하였으며, 겨울에도 푸르름을 보여주기 위해 상록수를 약 70%의 비율로 심었다. 이들 진녹색의 상록수는 건축물의 배경 역할을 했다.

뿐만 아니라 단기간에 공원을 녹화하기 위해 포플러, 수삼나무, 창성이깔나무 등 속성수(速成樹)[41]를 공원 주변에 다수 식재하였다. 이

39 북한에서는 '원림총계획'이라고 한다.

40 식물을 가꾸고 심음.

41 생장이 빠르고 벌기(伐期, 한 번 벌채한 구역을 다시 벌채하게 될 때까지 걸리는 기간)가 짧은 나무.

처럼 공간의 성격과 기능에 맞게 식재 계획을 세웠다는 점은 눈여겨 보아야 할 부분이다.

평양민속공원은 비록 전부 해체되었지만, 다양한 건축물과 자연 환경, 역사적 사실에 근거한 식재, 충분한 녹지를 갖춘 공원으로 역사 교양 및 학술연구, 체육유희오락 및 문화휴식 등 다양한 기능을 수행하도록 계획된 평양의 새로운 공원이었다. 지금은 모두 해체되어 건물과 시설물이 남아 있지 않지만, 한반도 모양의 인공섬은 그대로 있어 위성사진으로도 확인할 수 있다. 새롭게 조성되었다가 한순간에 사라져버린 평양민속공원은 북한 체제의 특성을 다시 한 번 보여주는 사례이기도 하다.

평양의 유원지

연인들의 데이트 코스, 대동강유원지

서울에 한강이 있다면, 평양에는 대동강이 있다. 2018년 4월 판문점 평화의 집에서 개최된 남북정상회담에서 두 정상이 기념식수한 소나무에도 한강물과 대동강물을 함께 부어 준 것이 이를 증명한다. 평양을 대표하는 강인 대동강은 평양시의 한가운데를 북동에서 남서 방향으로 흘러 남포시를 거쳐 서해로 흘러드는 강이다. 길이가 약 450km에 달하며 한반도에서 다섯 번째로 큰 강이다.

대동강유원지는 대동강의 서편, 즉 중구역의 대동강변을 따라 길게 조성된 띠 모양의 유원지이다. 평양의 중심부인 중구역과 모란봉구역의 대동강변에는 바로 자동차 도로가 접해 있는 것이 아니라

강변에 유원지나 쉼터가 있고 그 안쪽으로 차도를 포함한 거리가 조성되어 있다. 이곳에는 대동강에 바로 인접한 유보도 외에 대동문, 연광정 등의 유적과 옥류관, 옥류약수 등의 건물이나 대동문공원 등이 위치해 있다. 평양의 대동강이나 보통강이 서울의 한강이나 파리의 센강, 런던의 템스(Thames)강과 달리 강 옆에 바로 차도가 붙어 있지 않다는 점은 중요하다. 시민들이 언제나 대동강이나 보통강을 가까이에서 즐길 수 있기 때문이다.

대동강유원지는 서울의 한강공원처럼 강변에 위치해 있지만, 규모나 성격에는 다소 차이가 있다. 서울의 광나루공원, 뚝섬공원, 반포공원, 여의도공원, 난지한강공원 등 한강의 공원은 한강변의 곳곳에 거점식으로 자리 잡고 있는 것이 특징이다. 또 축구장, 농구장, 캠핑장, 분수, 수영장 및 물놀이시설 등 본격적인 체육공원이나 놀이 및 휴식 공원의 성격을 띠고 있다. 이에 반해 대동강유원지는 평양시 중구역의 대동강변을 중심으로 비교적 짧은 거리에 조성되어 있으며 낚시, 보트 타기, 산책 등 조용한 휴식과 쉼터 역할을 하는 유원지라고 할 수 있다. 또 대동강변을 따라 띠 모양의 녹지를 형성하고 있는 평양의 중요한 녹지축이다.

구슬같이 맑고 깨끗하다고 하여 '옥류(玉流)'[42], '청류(淸流)'라고도 부르는 대동강에서의 뱃놀이는 평양팔경에 속한다. 또 대동강에 배를 띄우고 주변 풍광을 감상하는 '선유 놀음'은 평양 유람의 대표적인 풍류 코스였으며, 지금도 평양 시민들의 중요한 여가 활동이다.

국학자 양주동은 대동강에 대해 이렇게 설명하였다.

42 대동강의 '옥류교'와 평양냉면으로 유명한 '옥류관' 등의 이름도 여기서 유래하였다.

안타까워라 패강(浿江)[43]의 형승(形勝)이여. 이 일대의 절경은 가히 붓으로 그릴 만한 것이 아니오. 입이 있으면 오즉 예찬이나 할 것이다. 〈따뉴브〉[44]를 그리라. 황하(黃河)를 그리라. 〈깬디스〉[45]를 그리라. 만은 우리의 패강은 묘사가 있을 수 없고 오직 예찬이 있을 뿐이다(《삼천리》[46] 12권 5호).

감히 그림으로 표현할 수 없는 절경이니 오직 예찬만 할 수 있을 뿐이라는 그의 글로도 대동강과 그 주변의 정경이 얼마나 빼어난지 짐작할 수 있다. 그는 한반도에서 산은 금강산, 강은 대동강이라고 찬사를 아끼지 않았다. 1929년《삼천리三千里》라는 잡지가 1929년 6월 창간호를 내면서 창간 기념으로 문인들을 대상으로 '반도팔경(半島八景)'을 선정하는 공모 이벤트를 벌였다. 당시 유명했던 이광수, 홍명희, 문일평 등 총 37명의 문인들이 참가하여 우리나라를 대표하는 팔경을 추천하고 그 점수를 집계한 후 반도팔경을 선정하였다. 그 결과 평양의 대동강이 반도팔

겸재 정선이 그린《겸재정선화첩》중 〈연광정도〉. 그림 중앙에 보이는 건물이 연광정이고 그 앞쪽은 대동문이다. 대동강변의 연광정과 대동문, 그리고 능라도와 주변의 정경을 볼 수 있는 그림이다. 정선은 연광정을 가보지 않고 이 그림을 그렸다고 한다. 왜관수도원 소장.

43 대동강의 옛 이름이다.

44 다뉴브(Danube)강. 독일 남부의 산지에서 발원하여 흑해로 흘러드는 하천으로, 독일어로는 도나우(Donau)강이다.

45 인도의 갠지스(Ganges)강을 말한다.

46《삼천리》는 1929년에 창간한 대중지로 점차 친일적인 성향을 띠었다. 1942년《대동아》로 개명한 후 곧 폐간되었다.

경에 선정되었음은 물론 금강산에 이어 2위를 차지하는 영광을 누렸다.[47] 양주동이 '산은 금강산이요 강은 대동강'이라 한 평가도 여기에 근거한 듯하다.

일제강점기에는 한겨울에 대동강에서 〈평양대동강빙상운동대회〉가 열려 스케이트 실력을 겨루었다. 대동강변은 풍경이 아름다워 많은 정자와 누각이 있으며, 주체사상탑, 김일성광장, 조선중앙력사박물관, 만경대 등 북한의 기념비적인 주요 건축물들도 대동강변에 자리 잡고 있다. 일제강점기에도 연광정 부근을 중심으로 대동강변 공원 조성 계획이 있었다. 본격적인 유원지 건설은 1950년대 후반에 시작되었다.

북한의 헌법에는 〈대동강오염방지법〉[48]이 따로 있으며, "대동강의 환경보호사업은 숭고한 애국사업"이라고 명시되어 있을 만큼 대동강을 중요한 강으로 여긴다. 〈대동강오염방지법〉에는 각종 오염방지 규정뿐 아니라 "수종이 좋은 나무를 심어 계획적으로 원림을 조성해야 한다"는 대동강 유역의 원림 조성에 관한 규정도 있다. 하나의 고유한 강을 특정하여 오염 방지법을 제정한 사례는 이 법이 유일하다. 대동강이 평양시뿐 아니라 북한 전역에서 중요하게 여기고 있다는 의미이다. 우리나라에는 〈한강오염방지법〉이 따로 제정되어 있지 않는 실정에서 이 법은 우리에게 시사하는 바가 크다.

---

47 투표 결과, 득점수로는 제1경 금강산(강원도) 34점, 제2경 대동강(평양) 28점, 제3경 부여(충청남도) 21점, 제4경 경주(경상북도) 13점, 제5경 명사십리(원산) 11점, 제6경 해운대(동래) 10점, 제7경 백두산(함북) 8점, 제8경 촉석루(진주) 8점 등이었다. 참고로 한강은 3점을 얻었다.

48 〈대동강오염방지법〉은 총 5장으로 구성되어 있는데, 제1장 '대동강오염방지법의 기본', 제2장 '대동강의 수질 및 환경조사', 제3장 '오수정화시설의 설치 및 운영', 제4장 '대동강의 환경보호', 제5장 '대동강오염방지사업에 대한 지도통제' 등이다. "비료나 농약을 담았던 용기는 대동강에서 세척할 수 없다"는 조항도 들어있다(장명봉, 『2018 최신 북한법령집』, 북한법연구회, 2018 참조).

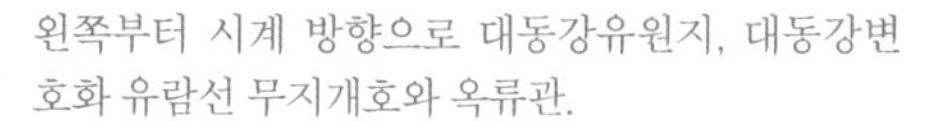

왼쪽부터 시계 방향으로 대동강유원지, 대동강변 호화 유람선 무지개호와 옥류관.

대동강유원지는 1957년부터 실시한 북한의 5개년 계획 시기에 보통강유원지, 대성산유원지 등과 함께 건설되었다. 1958년부터 1959년까지 단계별로 추진된 대동강유원지에는 강안(江岸)의 유보도와 녹지, 수림대, 그리고 곳곳에 휴게시설 등이 갖춰져 있다. 또 넓은 보트장이 있어 유람선을 타고 즐길 수 있으며, 강변에서 바라보는 풍경이 아름답다. 최근에는 천 명이 넘는 승객을 태울 수 있고, 각종 식당과 카페, 연회장 등 대규모 시설을 갖춘 유람선 '무지개호'를 대동강변에 띄워 영업을 시작했다고 한다. 대동강의 야경을 즐기기 위해 평양 시민들이 저녁에 자주 이 유람선을 찾는다.

강변의 유보도는 주변 건축물이나 그 입지 특성에 맞게 조성된 것이 특징이다. 대동강 서쪽 김일성광장 앞 유보도는 광장과 직접 연결되어 있으며 강쪽으로 넓은 전망대를 설치하고 송림(松林)을 조성하였다. 김일성광장 인근 강변에는 평양 내성의 동쪽 대문인 대동문이 있고 연광정이 바로 접해 있다. 대동문 인근에는 현재 대동문아동공원이 있으며 선착장이 있어 보트 타기를 즐길 수 있다. 연광정에서

북쪽으로 옥류교를 지나면 평양냉면으로 유명한 옥류관이 있다.

대동강변에 바로 접해있는 옥류관은 전망이 탁 트여 대동강과 능라도와 릉라도 5월1일 경기장을 바라볼 수 있다. 옥류관을 지나면 청류벽과 부벽루 구간이 나오는데, 숲이 우거진 이곳은 특별한 휴게 시설을 두지 않고 청류벽 아래로 산책로를 조성하여 조용히 숲길을 거닐며 대동강변을 굽어볼 수 있게 하였다. 부벽루 주변에는 산책로 옆에 선착장을 조성하여 보트를 타고 대동강을 유람할 수 있다. 대동강의 밤배놀이는 예전부터 평양에서 유명했다. 우리 국어 교과서에도 수록된 김동인(金東仁, 1900~1951)의 단편소설 『배따라기』의 배경도 대동강이었다.

대동강유원지 조성에서는 강안의 유보도 건설이 가장 중요한 건설 작업으로, 대동강의 수위에 맞게 조성하였다. 대동강의 수위는 썰물 때 1.1m, 최고 밀물 때 3.8m, 매년 홍수 때 5m, 15년 주기 홍수 때 8.5m, 최고 홍수 때 12m인데, 이 점을 감안하여 유보도를 건설하였다. 그 결과 최고 밀물 때 잠기는 4m까지는 꽃과 나무 등 식물을 전혀 심지 않고 화강석 계단과 콘크리트로 포장했으며, 홍수 때 잠기는 구간은 잔디를 깔고 오솔길과 계단을 조성하여 조용히 산책할 수 있게 하였다. 그러나 최고 홍수위(洪水位) 구간에는 아래 부분과 달리 다양한 나무를 식재하고 각종 쉼터를 조성하였다.

최근에는 대동강 하류에 서해갑문이 건설되고 강을 따라 올라가며 미림갑문, 봉화갑문, 성천갑문, 순천갑문 등이 설치되어 홍수 조절이 가능해졌고, 그 결과 대동강변의 일부 구간의 제방이 낮아졌다고 한다. 대동강유원지는 2005년에 보수했는데, 옥류교에서 대동교에 이르는 3km의 대동강 양안의 유원지에 휴게소를 새로 만들고 있으며 강변에 숲을 조성하였다. 또 30여 개의 쉼터에 탁자와 의자를 설치

대동강유보도 전경.

하고 컬러 보도블록을 다시 깔았다. 2017년에는 대동강다리부터 양각다리에 이르는 대동강유보도 정비 공사를 시행하였다.

대동강유원지에는 수양버들, 방울나무[49], 단풍나무 등 각종 나무 12만여 그루를 식재하였다. 한편 평양은 '류경(柳京)'[50]이라 하여 예부터 버드나무로 유명하였고, 아직도 평양을 대표하는 나무로 알려져 있다. 2018년 평양의 류경정주영체육관에서 개최된 남북합동공연 〈우리는 하나〉에서 불렀던 북한 가요 〈푸른 버드나무〉[51]도 평양의 상징적인 노래라 할 수 있다.

평양과 대동강의 상징적인 나무인 버드나무를 대표하는 나무로는 옥류능수버들을 빼놓을 수 없다. 대동강유원지 일부인 옥류교 근

---

49 버즘나무, 또는 플라타너스를 말한다.

50 임상원(任相元, 1638~1697)이 지은 『교거쇄편郊居瑣篇』에는 "옛날에 평안도 사람들의 기질이 너무 강인하고 곧으며 부드러운 맛이 적어 정서를 유화시키기 위해 평양에 수양버들을 많이 심었는데, 그 결과 평양을 류경(柳京)이라 부르게 되었고 풍류객도 많이 배출되었다"고 한다(이상희, 『꽃으로 보는 한국문화(3)』, 2004).

51 북한의 최고 인기 가수 김광숙의 대표곡이다. 이 노래의 가사는 '나무야 시냇가의 푸른 버드나무야 / 너 어이 그 머리를 들 줄 모르느냐 / 뭇 나무 날 보라고 머리를 곧추들 적에 / 너는 야 다소곳이 고개만 수그리네 / 라라라-라라라-푸른 버드나무야'이다. 이 곡은 김일성이 생전에 지시하여 만든 곡으로 알려져 있다. 2018년 4월 평양의 남북합동공연에서는 걸그룹 '소녀시대'의 서현이 이 곡을 불러 많은 박수를 받았다.

처에 자라는 옥류능수버들은 수령이 약 150여 년 된 것이라고 하는데, 여전히 건강하게 자라고 있다. 이 버드나무는 북한의 천연기념물 제2호로 지정되어 관리되고 있다(「부록」의 '평양의 천연기념물' 참조).

평양의 청계천, 보통강유원지

보통강은 평안남도 평원군 강룡산에서 발원하여 평양시 순안구역을 지나 남쪽으로 흘러 대동강과 합류하는 강이다. 고구려시대 성문인 보통문(普通門)을 끼고 흘러서 보통강이라 하였다. 조선시대에는 보통강 나루에서 손님을 전송하는 장면(보통송객, 普通送客)이 평양팔경 중 하나였다. 홍수 피해가 잦았던 보통강은 해방 후 대대적인 개수공사와 하천 정리 사업을 실시하였다. 보통강운하를 건설하여 수해 문제를 해결하였으며 운하 주변에 유원지를 조성하였다. 보통강은 평양시의 보통강구역뿐 아니라 서성구역, 모란봉구역, 중구역, 평천구역, 만경대구역 등 6개 구역과 접해 있어 인근에 거주하는 평양 시민들이 쉽게 이용할 수 있는 공원이다.

보통강유원지는 여러모로 서울의 청계천과 닮아 있다. 보통강이나 청계천 모두 도심 한가운데를 가로질러 흐른다는 점과 약 10km에 달하는 길이가 비슷하다. 홍수로 자주 범람하여 흙이 퇴적되고 오물이 쌓여 준설(浚渫)[52] 작업이 필요하다는 점도 과거 청계천과 흡사하다. 또 청계천과 마찬가지로 도심의 습기와 오염을 막아주며 미기후(微氣候)[53]에도 영향을 주는 생태환경적 기능도 비슷하다. 주변에 각

52 물의 깊이를 깊게 하여 배가 잘 드나들 수 있도록 하천이나 항만 등의 바닥에 쌓인 모래나 암석을 파내는 일.

53 지면에 접한 대기층의 기후. 보통 지면에서 1.5m 높이 정도까지를 그 대상으로 하며, 농작물의 생장과 밀접한 관계가 있다.

일제강점기 보통문과 보통강. 보통강을 건너는 나룻배의 모습과 주변 초가집들이 정겹다. 일제강점기 사진엽서(왼쪽). 현재의 보통문(오른쪽).

종 공공건물이 밀집되어 있어 도심의 휴식처 역할을 한다는 점도 마찬가지다. 다만 보통강유원지는 강변 부지를 남겨두어 버드나무 등을 심고 호안림(護岸林)[54]을 조성한 것이 청계천과 다르다. 또 중간중간에 봉화섬, 금란도 등의 섬이 있고, 강폭이 청계천보다 넓어 뱃놀이를 즐길 수 있다는 점이 다르다.

보통강유원지는 북한의 유원지 가운데 비교적 초창기에 조성되었다. 1946년 평양 시내를 굽이쳐 흐르던 보통강 수로를 봉화산 부근부터 곧게 변경한 보통강 개수공사를 시행하였고, 그후 원래 보통강이 흐르던 강변을 중심으로 보통강유원지를 꾸몄다. 예전의 보통강은 홍수로 수시로 넘치고 오물로 냄새가 심해 '재난의 강', '원한의 강'으로도 불렸다.

운하와 같은 옛 강의 폭은 약 30~80m에 달한다. 1958년부터 우선 보통강유원지의 중심 부분인 봉화다리에서부터 신서다리까지 강안 공사와 주변 녹화 사업을, 1960년까지 나머지 구간의 강안 공사와 휴식시설 설치, 녹화 사업, 유보도 공사를 시행하였다. 보통강유원

54 제방의 보호를 위한 숲.

보통강개수공사계획도(『평양건설전사』 제2권 (1997)).

지는 북쪽 봉화산 기슭의 보통강 개수공사 기념탑에서부터 동쪽으로 반달 모양으로 휘어져 다시 보통강 하류 정평동까지 합류하는 전 구간이 유원지 구역이다. 총 길이 10km 구간에, 넓이는 약 300ha에 달하며, 강안에는 크고 작은 8개의 섬이 있다.

평양역에서 북쪽으로 일직선으로 나 있는 경흥거리, 서천거리가 보통강유원지를 가로지른다. 보통강유원지 주변에는 류경호텔, 류경정주영체육관과 조국해방전쟁승리기념비, 영웅거리 주변의 인민군교예극장, 창광거리 고급 아파트, 평양체육관, 북한 최대의 목욕시설을 갖춘 창광원 등이 자리 잡고 있다. 이곳을 찾는 사람들이 보통강유원지를 즐겨 이용한다.

보통강유원지는 강을 따라 4개의 구간으로 구분할 수 있다. 첫 번째 구간은 보통강유원지 출발점인 보통강개수공사 기념탑에서부터 봉화산과 그 옆의 도두산이 끝나는 경흥거리까지의 구간으로, 자연풍광이 아름다운 해발 83m의 봉화산을 끼고 있어 특별한 시설을 하지 않았다. 두 번째 구간은 보통강유원지의 중심 구간으로, 류경호텔 바로 뒤에 있는 평양수예연구소[55]부터 신서다리까지이다. 강안에는 봉화섬, 금란도, 홍천도 등의 섬이 있고 봉화다리, 만수교, 보통교,

55 김일성의 첫 부인이자 김정일의 친모인 김정숙이 1947년 5월에 창설한 수예연구소를 기반으로 한 연구소이다. 현재 약 70여 명의 전문가들이 근무하는 평양수예연구소는 미술창작실, 손수예창작실, 기계수예창작실, 구격실, 재료실, 손수예제작실 등이 있으며, 북한식 수예 예술을 창작하고 보급하는 대외 선전 기지라고 할 수 있다.

서성교, 신서다리 등이 가로지르고 있다. 이들 다리는 보통강유원지를 내려다보는 전망대 역할도 한다.

이 구간은 강을 중심으로 동쪽과 서쪽의 유원지 풍경이 다르다. 보통강의 동쪽 기슭에는 조국해방전쟁승리기념관, 보통강교예극장, 인민문화궁전 등 공공 기념비적인 건물들이 들어서 있어 강안에 비교적 폭이 좁은 수림대를 형성해 놓았다. 이곳의 극장과 기념관을 찾는 관람객들에게 보통강유원지는 좋은 휴식처이다. 반면에 강안의 서쪽은 '보통벌'이라 부르는 주택지가 많아 강안 동쪽보다 녹지를 넓게 조성하고 어린이공원과 동물원 등 주민들이 이용할 수 있는 시설들을 배치하였다.

김일성의 업적을 기념하는 군사·전쟁 박물관인 조국승리해방기념관.

세 번째 구간은 옛 보통강의 하류 지점으로 신서다리 밑의 운하섬과 넓은 호수 속에 떠 있는 것 같은 어머니섬[56], 그리고 안산다리 아래쪽의 동각도, 서각도 등 강안에 여러 섬이 있어 호수 속의 섬 풍치를 느낄 수 있는 구간이다. 특히 강변의 제방이 높아 도심의 건축물들을 가려주어 아름다운 수변 풍광을 즐길 수 있다. 강안 남쪽으로는 고급식당인 안산각, 1급 호텔인 보통강여관 등이 자리 잡고 있고 주변은 작은 호수와 울창한 녹지대로 구성되어 있다. 네 번째 구간은 보통강유원지의 마지막 구간으로 보통강 하류 부분과 나란히 조성된 폭 좁은 운하 주변으로 녹지가 조성되어 있다. 동쪽으로는 평양화력발전소가 있으며 그 남쪽의 보통강저수지로 운하를 지난 강물이 모여 대동강과 보통강의 합류 지점으로 빠져나간다.

56 락원호에 있는 제일 큰 섬으로 섬 아래 2개의 섬(동각도와 서각도)을 거느린 큰 섬이라 하여 어머니섬이라고 불린다.

하늘에서 본 보통강유원지 전경(빨간색 점선 부분). 사진 왼쪽 위 북에서 남으로 흐르는 강이 1940년대에 새롭게 조성한 보통강 운하이고 그 아래 옛 보통강변을 따라 'ᄀ' 형태의 보통강유원지가 조성되어 있다. 사진 왼쪽 윗부분의 녹지는 봉화산이다.

보통강유원지는 곳곳에 수영장, 연못, 낚시터, 보트장 등의 시설들이 있으며 여름에는 뱃놀이터로, 겨울에는 스케이트장으로도 이용된다. 또 보통강 좌우로 150ha의 수림대, 7ha의 잔디밭, 2ha의 화단 등이 조성되어 있어 녹지가 풍부한 강변 유원지이다. 유원지 내에는 버드나무, 방울나무, 포플러나무 등과 같은 각종 낙엽활엽수와 전나무, 수삼나무 등의 상록침엽수, 그리고 각종 과수(果樹)[57]와 화관목(花灌木)[58]류가 총 3만여 그루 심어져 있다. 특히 운하 주변을 따라 줄지어 자라는 버드나무의 풍경은 평양의 옛 이름 '류경(柳京)'을 더욱 실감나게 한다.

보통강유원지는 1980년대 이후 보강 및 정비 공사가 제대로 되지 않다가 2000년대 중반에 유원지에 새 품종의 포플러나무 4,000여 그루를 추가로 식재하고 컬러 보도블록을 새롭게 교체하는 등 정비 및 보수 작업을 실시하였다. 또 2008년에는 강변을 따라 호안림 조성과 잔디밭 공사, 민속놀이 및 체육시설, 낚시꾼들을 위한 휴게시설 건설, 인도 포장 및 울타리 공사 등 정비 사업을 실시하였으며, 강폭이

57 '과실나무'와 같은 말. 열매를 얻기 위하여 가꾸는 나무를 통틀어 이른다.
58 꽃이 아름다운 키 작은 나무들.

보통강 유원지 전경.

넓은 곳에는 보트장도 건설하였다.

그러나 장마철이면 홍수로 자주 범람하고 하천 주변에 악취가 진동하여 여러 보강 공사가 필요했다. 2009년에는 2년 전 대홍수로 보통강에 쌓였던 진흙과 각종 오물을 제거하는 준설 작업을 실시했으며, 최근에도 김정은의 지시로 홍수 예방을 위한 하천 정비 사업을 시행하였다. 조선시대에 매년 홍수로 몸살을 앓고 오물과 하수로 악취를 풍기던 청계천 준설 사업을 연상시키는 사업이 지금 평양 한복판에서 실시되고 있다는 점이 아이러니하다.

고구려 역사유적공원, 대성산유원지

대성산은 평양의 북동쪽에 위치한 해발 270m의 산으로 나지막하지만 평양시 일대에서는 가장 높은 산으로, 평양팔경에 속한 명승지이다. 대성산유원지는 대성산성으로 둘러싸여 있는 Y자형 골짜기를 중심으로 조성되었는데, 총 면적은 2천여 헥타르에 달한다. 대성산에는 고구려의 산성과 성문터, 연못, 창고, 안학궁터 등 수많은 고구려 유적이 산재해 있다.

김일성은 1958년 대성산을 찾은 후, "우리는 앞으로 대성산유원

중앙식물원 창립 40주년 기념으로 발행된 북한의 기념우표. 우표 가운데 꽃은 김정일화이고 위쪽의 꽃은 김일성화이다. 우표의 뒷배경은 북한의 국화인 함박꽃이다.

지를 인민들의 훌륭한 휴식터로 꾸리며 근로자들을 혁명 전통과 애국주의 정신으로 교양하는 장소로 만들어야 하겠습니다"라고 하며 대성산에 유원지를 조성할 것을 지시하였다. 그는 또한 "대성산 산꼭대기까지 시민들이 올라갈 수 있도록 산책로를 포장하고 소문봉과 을지봉에 정자도 조성"하도록 했고 "대성산유원지의 물길 조성과 사슴방목장 관리, 대성산에 있는 사찰인 광법사 복원" 등도 지시하였다.

그 결과 1958년 4월 대성산 자락을 휘감아 돌며 유원지를 순환할 수 있는 약 5km의 순환도로 건설이 시작되었다. 이 순환도로 사이사이에는 오솔길을 조성하여 유원지 주변을 산책할 수 있게 하였다. 그와 동시에 산기슭의 양쪽 골짜기 물길을 막아 미천호와 동천호 같은 인공 호수를 조성하여 주변에 정자를 짓고 보트장과 수영장도 설치하였다. 1960년대 초에는 여기에다 대성산의 소문봉과 장수봉에 정자를 짓고 연못과 샘터를 복원하였으며, 연못 주변에 누정을 지어 문화유적 공원의 면모를 갖추었다. 또 대성산 기슭에 약 100ha에 달하는 동물원을 짓고 그 맞은편에 같은 크기의 식물원을 건립하였다. 그 외에도 유원지 내에 수영장, 보트장, 각종 편의시설과 휴식시설을 조성하였다. 그 결과 대성산 유원지는 자연경관이 빼어난 대성산 기슭에 문화유적과 오락시설, 동·식물원과 인공 호수, 등산로와 산책로가 어우러진 명실상부한 평양의 '종합적인 유원지'로 거듭나게 되었다.

1960년대에 완공된 270ha에 달하는 중앙동물원에는 약 400여 종 7천여 마리의 동물이 있다. 2004년에는 서울대공원에서 살던 호

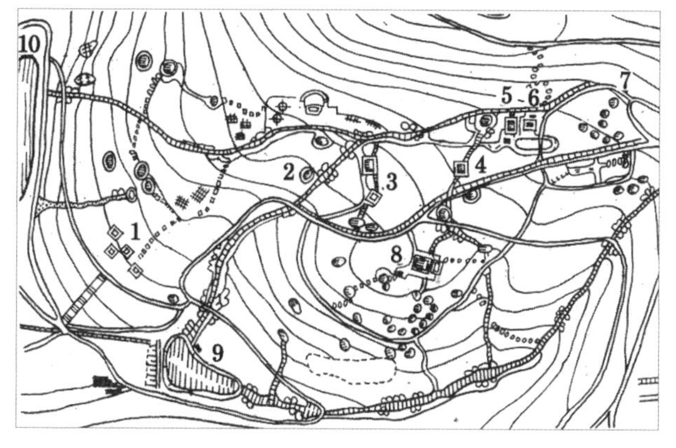

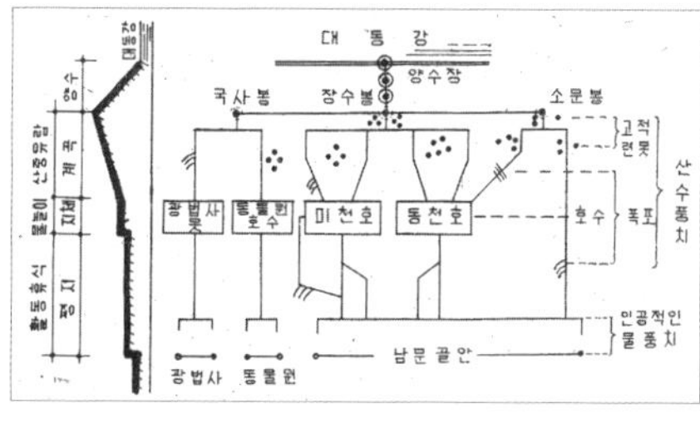

(위) 대동강의 물을 끌어올려 유원지를 통과하여 흐르게 한 대성산 유원지 수체계 흐름도(《조선건축》(1990)).
(아래) 대성산 물길 체계와 풍치지대 구분.

랑이 한 쌍을 처음으로 중앙동물원에 기증한 바 있으며, 2005년에는 중앙동물원의 반달가슴곰을 지리산 종(種)복원기술원으로 보내기도 하였다.[59] 그 후에도 서울대공원의 동물들과 평양중앙동물원의 동물들을 서로 교환하는 남북한 동물 교류 사업이 이루어졌다.

중앙동물원 건너편에 있는 중앙식물원은 약 200ha의 넓이에 약 4천여 종의 식물들이 자라고 있다. 특히 이곳에는 '김일성화(花)' 온실과 '김정일화' 온실을 따로 두어 이에 대한 관리 및 연구에 몰두하고 있다. 또 외국인들이 김일성과 김정일에게 선물한 식물들을 전시

59 2005년 평양중앙동물원에서 새끼 반달가슴곰 암수 각각 4마리를 지리산으로 보냈다. 방사한 8마리 중 2마리가 현재 지리산에 살고 있으며, 최근에는 이 반달가슴곰의 손자까지 태어났다고 한다(〈북한 출신 지리산 반달가슴곰, 고향으로 돌아갈 수 있을까〉, 《중앙일보》, 2018년 5월 2일자 기사 참조).

하고 관리하는 '선물식물' 온실도 있다. 식물원 주변에는 대성산수삼나무(천연기념물 제10호), 대성산목란(천연기념물 제11호), 대성산미선나무(천연기념물 제12호), 대성산두충나무(천연기념물 제13호), 대성산향오동나무(천연기념물 제14호), 대성산참등(천연기념물 제15호), 대성산뚝향나무(천연기념물 제16호) 등 천연기념물로 지정된 식물들이 많이 자라고 있다(「부록」의 '평양시의 천연기념물' 참조).

대성산유원지 내에는 인공 연못인 미천호와 동천호 외에도 대성산 중턱의 잉어못, 구룡못, 장수못 등을 발굴하여 복원한 수많은 연못이 있다. 장수봉 중턱에 있는 잉어못에는 김일성 지시로 연꽃을 심었다고 한다. 그는 "연꽃을 구하기 어려우면, 우리 집 마당에 있는 것이라도 갖다 빨리 번식시켜라"라며 재촉하였다고 한다.

대성산유원지 안쪽에 인공으로 조성된 동천호는 겨울철이면 빙상장으로 바뀌어 평양 시민들이 스케이트나 팽이치기, 썰매타기 등을 즐긴다. 대동강의 물을 끌어올려 이 인공 연못 등에 흘려 보내는 것으로 알려져 있다.

대성산유원지는 평양에 있는 공원과 유원지 가운데 규모가 제일 크다. 김일성은 '평양의 중심부에 있는 모란봉공원은 규모가 작아 정원 같다'고 하면서 규모가 큰 대성산유원지가 평양 시민의 주요 휴식터로 이용될 수 있도록 조성하라고 지시하였다. 평양 시내에 있는 공원이나 유원지와 달리 원래 있었던 대성산 속에 조성되어 있어 숲속의 유원지인 셈이다. 도심에서 다소 떨어져 있으나 인근의 유희장 앞에 지하철 락원역이 있어 비교적 접근이 수월하다. 최근에는 주요 공원과 유원지를 오가는 전용 셔틀버스도 대성산유원지를 들르기 때문에 평양 시민들이 이용하는 데 불편함은 없다고 한다.

유원지 안에는 대성산 남문을 복원해 놓았으며, 대성산 남문 주

대성산유원지 내 인공 호수인 미천호(왼쪽). 대성산 중턱에 자리 잡은 잉어못(오른쪽).

변에는 여러 오락 기구와 시설을 갖춘 대성산유희장이 조성되어 있다. 대성산유원지는 산을 끼고 동·식물원이 있으며, 도심에서 벗어난 교외에 위치한 점 등이 과천의 서울대공원을 연상케 한다.

북한 유일의 돌고래쇼장, 릉라인민유원지

릉라인민유원지는 원래 '릉라도유원지'라고 불렸으며, 대동강 한가운데 떠 있는 능라도 위에 조성되어 있다. 능라도는 길이가 2.7km, 둘레가 6km, 면적이 1.3km²에 달하는 대동강의 충적(沖積)섬[60]으로 북동에서 남서 방향으로 길쭉한 모양이다. 능라도 서쪽으로는 대동강 기슭을 따라 평양의 대표 명승지인 모란봉과 청류벽이 있고 동쪽으로는 넓은 들판에 새로 건설된 주택지가 있다. 규모와 성격은 다르지만 릉라인민유원지는 대동강 한가운데 있다는 점이 서울 한강의 선유도 공원과 유사하다.

예부터 수많은 시인 묵객들이 모란봉의 청류벽과 그 기슭을 흐르는 대동강의 맑고 푸른 물결, 그리고 대동강에 떠있는 능라도가 만들어내는 아름다운 경치를 찬탄하였다. 평양형승 중의 하나인 능라도

60 강물에 의하여 밀려온 자갈, 모래, 진흙 따위가 쌓여서 이루어진 섬. 주로 큰물이 날 때에 강의 중류나 하류에 많은 퇴적물이 쌓여서 이루어진다.

(왼쪽) 대동강 한가운데 떠 있는 능라도. 능라도 안의 정사각형 구조물은 정수장이다. 사진 중앙의 건물이 부벽루이고, 사진 왼쪽 아래의 건물은 영명사이다. 일제강점기 사진엽서.
(오른쪽) 하늘에서 본 능라도(빨간색 점선). 모란봉에서 바로 내려다보이는 능라도는 예전부터 물 위에 뜬 꽃바구니에 비유되곤 했다.

를 물 위에 뜬 꽃바구니로 비유한 사람도 있다.

김일성도 능라도의 아름다운 경치를 자주 언급하였는데 "릉라도는 풍치도 좋고 가까워서 좋다. 대동강물이 내려오는 쪽에 둑을 잘 쌓고 강기슭에 모래밭과 보트장을 만들고, 배구장, 농구장 등 운동장과 수영장, 식물원과 새우리 등을 만들면 훌륭한 유원지가 될 것"이라고 하며 유원지 건설을 지시하였다고 한다.

일제는 1910년경 능라도에 수도정수지(水道淨水池)를 건설하였고, 이곳에서 대형 수도관이 부설된 벽라교(碧羅橋)를 통해 평양 시내에 급수하였다(현재 벽라교는 철거되었다). 능라도의 수도정수지 부지에 현재는 릉라인민유원지의 곱등어 관람관이 들어서 있다.

릉라인민유원지는 처음 건설할 때 능라도 북쪽에서부터 체육오락구, 민속놀이구, 아동구, 백화원구, 사적구, 경영구, 반월도구 등 7개 구역으로 나누어 조성하였다. 또 능라도를 마치 물 위에 뜬 꽃바구니처럼 보이도록 하기 위해 강기슭을 따라 화목류인 살구나무, 산벚나무, 넓은잎정향나무, 해당화, 장미 등을 군식하고 여러해살이 꽃도 많

1980년대 후반 공사 중인 5월1일 경기장(왼쪽)과 최근의 모습(오른쪽).

이 심었다고 한다.

체육오락구에는 평양의 대표 경기장인 5월1일 경기장[61]과 배구장, 야구장, 농구장, 골프장, 배드민턴장, 활터 등 각종 체육시설과 경기장이 있다. 능라도가 꽃바구니라면 5월1일 경기장은 꽃바구니 안에 있는, 16개의 거대한 꽃잎이 활짝 핀 꽃송이라고 할 수 있다. 5월1일 경기장은 2018년 9월 평양에서 열린 남북정상회담 당시 문재인 대통령이 〈빛나는 조국〉이라는 집단체조(매스게임)와 공연을 관람하고 평양 시민들 앞에서 연설을 한 곳이라 우리에게도 친숙한 장소이다.

5월1일 경기장 옆으로는 그네터, 널뛰기터, 씨름터, 장기터 등 전통 민속놀이를 즐길 수 있는 민속놀이구를 조성하였다. 그네와 널뛰기 등 주로 여성들이 즐기는 놀이는 지대가 평평하고 수양버들이 많이 자라는 서쪽 모란봉 편으로 배치하고 남성들이 즐겨 하는 씨름,

61 1989년 5월 1일 준공한 이 경기장은 원래 '인민대경기장'으로 불렀다가 세계노동절인 5월 1일을 기념하기 위해 '5월1일 경기장'으로 명칭을 변경하였다. 수용 인원은 약 15만 명이다.

장기, 고누(高壘)[62] 등은 동쪽인 문수지구 쪽에 나누어 배치하였다. 장기터와 씨름터 주변에는 녹음수를 심어 그늘 아래에서 놀이를 즐기게 하였다. 또 은행나무, 느티나무, 산벚나무 등 우리나라 자생 수목으로 원림을 조성하였다. 민속놀이구와 인접해 있는 백화원구에는 화려한 꽃과 나무를 심고 정자와 의자들을 배치하여 화사한 쉼터로 조성하였다.

백화원구 한쪽에는 김일성이 1965년에 직접 전나무와 산벚나무를 심었다는 장소를 사적구로 정하여 관리하고 있다[63]. 이 산벚나무와 전나무는 1980년 1월 북한의 천연기념물 제1호로 지정되었다. 능라도 맨 아래 남쪽에 자리 잡은 반월도구는 릉라다리와 옥류교에서 바로 내려다보이는 곳이다. 이곳에는 원래 수영장과 부대시설이 있었으나, 현재는 인근에 조성했던 스케이트장을 물놀이장으로 바꾸었고 유원지관리소와 식당, 정구장 등이 있던 경영구에는 곱등어관 등이 들어서 릉라인민유원지의 평면 배치가 다소 바뀌었다.

원래 체육시설 위주로 조성되었던 릉라인민유원지는 '릉라물놀이장', '릉라곱등어관', '릉라유희장' 등을 새로 건설해 2012년 7월 성대한 준공식을 거행하였다. 김정은은 릉라인민유원지에 대한 관심이 많아 준공 전부터 부인 이설주와 함께 이곳을 자주 찾았다. 유원지 내에 최근 개장한 전자오락관은 청소년과 학생 들뿐 아니라 어른들에게도 매우 인기가 높아 밤 늦게까지 수많은 사람들이 이용하고 있다.

---

62 땅이나 종이 위에 말밭을 그려 놓고 두 편으로 나누어 말을 많이 따거나 말 길을 막는 것을 다투는 놀이. 북한에서는 '꼬니'라고도 한다.

63 김일성은 1965년 4월에 능라도에 나와 유원지에 심을 수종과 장소까지 정해주면서 직접 산벚나무 8그루와 전나무 7그루를 심었다고 한다. 산벚나무의 평균 높이는 7.9m, 가슴높이둘레 85cm, 수관폭 7m 등이며 전나무의 평균 높이는 7.9m, 가슴높이둘레 60cm, 수관폭 5.3m 정도이다.

(위) 릉라인민유원지 내 곱등어관. 이 곱등어관은 일제강점기 정수장 부지였다.
(아래) 1946년 당시 능라도 지도.

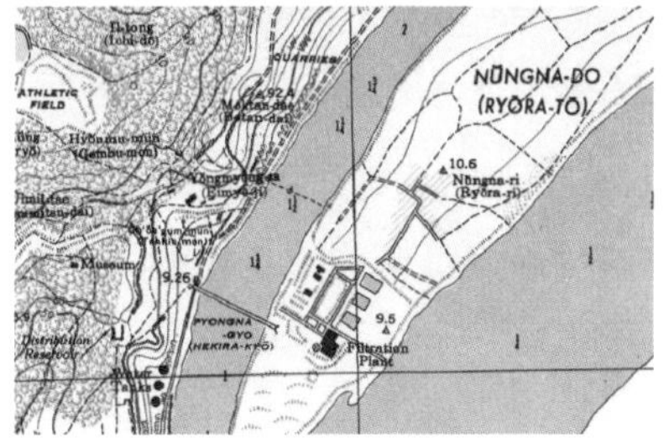

(위) 놀이기구 '회전매'.
(아래) 릉라인민유원지 내 물놀이장.

능라도에는 강변으로 유보도가 마련되어 있고 능라도와 문수거리를 잇는 릉라교와 청류교가 있어 접근하기가 쉽다.

부벽루 바로 앞에 자리 잡은 곱등어관은 건축면적 5,980m^2, 연건축면적 14,940m^2 규모에 약 1,500여 개 관람석이 마련되어 있다. 이 곱등어관은 북한에서 유일한 돌고래쇼 장소로 남포에서 평양까지 50km의 수송관을 건설하여 바닷물을 끌어들이고 있다. 2013년 북한을 방문한 미국의 프로농구 스타 데니스 로드먼(Dennis Rodman) 일행도 릉라곱등어관에서 돌고래쇼를 구경했다고 한다.

대동강 한가운데 위치한 릉라인민유원지에는 향후 모란봉과 문수지구를 연결하는 케이블카가 건설될 계획인데, 그러면 서평양지역의 개선청년공원, 동평양지역의 문수유희장과 하나로 이어져 평양 중심부에 커다란 문화오락구역이 형성된다.

최신식 놀이기구와 물놀이시설, 돌고래 관람관 등이 있어 명절이나 휴일에 방문객이 넘쳐나는 릉라인민유원지는 개선청년공원 유희장과 함께 평양에서 가장 인기 있는 휴양시설이라 할 수 있다.

평양의 유희장

'대중문화정서의 교양거점', 만경대유희장

평양 도심에서 약 10여 킬로미터 떨어진 대동강 하류에 있는 만경대는 예전부터 명승지로 널리 알려졌으며, 주변에는 김일성 생가가 있어 북한에서는 '성지(聖地)'로 불린다. 만경대의 김일성 생가를 방문하는 사람들을 위해 건설했다고 전해지는 만경대유희장은 만경대에

만경대유희장

야 참 좋아요
만경대의 유희장
지도자선생님
꾸려주신 유희장

꽃물레는 빙빙
관성차는 씽씽

우리모두 타고서
하늘높이 날아요.

야 참 좋아요
만경대의 유희장
행복의 웃음꽃
여기 다 피지요.

북한의 인민학교 1학년 국어 교과서에 소개된 만경대유희장(1988).

서 멀지 않은 갈매지벌에 1982년 4월에 조선식 공원을 조성했고 이듬해인 1983년에는 송산벌까지 유희장을 확장하였다. 1985년에는 물놀이장을 새롭게 건설하였다. 전체 면적은 60만m²로 하루 수용 인원이 10만여 명에 달한다. 북한에서는 만경대유희장을 '인민의 문화휴식터이자 대중문화정서의 교양거점'이라 칭한다.

만경대유희장은 어린이들에게 인기가 높아 인민학교[64] 1학년 국어 교과서에도 실려 있다. 북한의 인민학교 제1학년용『국어 (1)』에는 「만경대유희장」이라는 제목으로 "야 참 좋아요. 만경대의 유희장, 지도자 선생님 꾸려주신 유희장, 꽃물레는 빙빙, 관성차는 씽씽, 우리 모두 타고서 하늘 높이 날아요. 야 참 좋아요, 만경대의 유희장, 행복의 웃음꽃, 여기 다 피지요"라는 글이 그림과 함께 나온다.

만경대유희장은 순화강변의 갈매지벌유희장, 조선식 공원인 연못구역, 숲을 끼고 있는 송산벌유희장, 물놀이장 등으로 구분할 수 있다. 갈매지벌유희장은 평지에 기하학적인 배치를 하여 공중회전 관성열차를 비롯한 회전자동차, 회전오토바이, 전기자동차, 문어회전반, 대관람차, 관성열차 등 놀이시설과 활쏘기, 씨름, 그네, 널뛰기 등 민속놀이 기구를 설치하였다. 갈매지벌유희장과 송산벌유희장 사이에 위치한 조선식 공원에는 커다란 연못을 파고 북한 전역에서 가져온 각종 암석으로 크고 작은 가산을 조성하여 자연스러운 풍광을 연출하였다.

또 가산과 가산을 잇는 구름다리, 무지개다리 등을 놓고 각종 꽃

64 우리나라의 초등학교에 해당한다.

만경대유희장 전경(왼쪽)과 유희장 내 물놀이장(오른쪽).

나무를 심어 전통적인 조선식 공원으로 꾸몄다. 연못 주변에는 작은 동물원도 조성하였다. 송산벌유희장에는 우주비행선, 2회전 관성열차, 회전비행기 등 유희시설과 전자오락실이 설치되어 있고, 인근에 있는 송산 숲까지 1.2km의 유람삭도(索道)[65]를 설치해 만경대유희장은 물론 대동강과 만경대 전체를 굽어볼 수 있다.

1985년에는 송산 기슭에 전체 부지 면적이 56,000m²에 달하는 야외물놀이장을 건설하였는데, 특히 여름철에 많은 사람이 이용하고 있다. 물놀이장은 흐름물놀이장, 미끄럼물놀이장, 파도물놀이장과 인공모래밭, 탈의실 등을 갖추고 있다.

만경대유희장의 놀이시설들은 건설 당시만 해도 현대적 설비였으나 시간이 지나고 관리가 부실하다보니 시설들이 매우 노후되었다. 만경대물놀이장도 1985년 준공 이후 거의 보수하지 않았다. 그러다 보니 최근까지도 이곳을 방문한 외국인들은 '음산하고 위험한 놀이공원'으로 평가하는 실정이다.

최근 김정은은 만경대유희장을 방문하여, "도로 관리를 잘 하지

65 공중에 설치한 강철 선에 운반차를 매달아 사람이나 물건 따위를 나르는 장치.

않아 한심하다", "출입구 마당이 너무 넓어 마치 비행장에 온 것 같다" 등과 같은 불만을 토로하였다. 그는 보도블록 사이의 잡풀을 보고서는 "일군들의 눈에는 이런 것들이 보이지 않는가, 설비 갱신 같은 것은 몰라도 사람의 손이 있으면서 잡풀이야 왜 뽑지 못하는가, 유희장이 이렇게 한심할 줄은 생각지도 못했다"고 격분하였다. 그는 또 "유희장의 원림 상태가 한심한데 똑똑한 원예전문가가 없는 것 같다"고 지적하고, 유희시설의 도색 상태, 가동되지 않고 방치되어 있는 분수터 등을 예로 들면서 "이것은 실무적인 문제이기 전에 사상관점에 대한 문제"라고 엄하게 질책하였다.

노후된 만경대유희장 놀이기구.

김정은의 질책을 받은 후, 북한의 군인들은 "불이 번쩍 나게 공사를 다그치고, 와닥닥 해제껴", 불과 4개월 만에 만경대유희장을 새롭게 보수하였다. 김정은이 지적했던 분수터는 꽃밭으로 바뀌는 등 만경대유희장은 2012년 10월 9일 대성산유희장과 함께 준공식을 거쳐 새롭게 개장하였다.

동평양의 워터파크, 문수유희장(문수물놀이장)

동평양지구 대동강구역의 대동강변에 위치한 문수유희장은 1994년 6월 25만여 제곱미터의 부지에 개장하였다. 서울 한강의 뚝섬한강공원 물놀이장과 비슷하지만, 시설과 규모가 훨씬 크다.

이곳은 동평양지역의 중요한 유희장으로 문수지구 주민 거주지에 인접해 있어 교통이 편리하고 청류다리를 건너면 바로 릉라인민유원지와도 연결되어 이용이 편리하다. 이곳에는 오락휴식구역 내에 회전비행기, 우산식 회전대, 쌍회전판 등 10여 종의 현대식 놀이기구와

2013년 새롭게 단장한 문수물놀이장.

영화관, 당구장, 식당 등 편의시설이 갖춰져 있다. 좀 더 안쪽으로 들어서면 우리의 워터파크라고 할 수 있는 물놀이장이 나오는데, 이 문수물놀이장은 성수기에 매일 수천 명의 평양 시민이 찾는 인기 있는 시설이다.

문수물놀이장은 이용자의 횟수와 밀도, 수조 면적, 수질 여과 기능 등 여러 자료를 기초로 시설을 설계했다고 한다. 이 물놀이장에는 파도물놀이장, 어린이물놀이장, 미끄럼물놀이장, 우리의 리버풀과 같은 흐름물놀이장 등 다양한 시설들이 있다. 이들 시설들은 한곳에 모여 있어 동선이 짧고 곳곳에 녹음수를 식재하여 그늘 쉼터를 제공하였다.

문수물놀이장은 김정은의 지시로 전면 개·보수하여 2013년 10월에 새롭게 개장했는데, 야외와 실내에 다양한 물놀이시설과 문수기능회복원[66], 그리고 영화관, 당구장, 식당, 볼링장, 커피점, 안

66 2013년 문수유희장 내 새로 건설된 일종의 장애치료 재활전문병원으로 3층으로 된 건물에는 신경, 심장기능회복치료와 각종 물리치료, 외과치료를 할 수 있는 근육강화치료실, 손발치료실, 일상생활동작치료실, 작업치료실, 물치료실, 파라핀치료실 등 50개의 치료실과 10여 개의 입원실을 갖추고 있다고 한다.

마실 등 편의시설을 갖추고 있다. 그 결과 처음 개장했을 때는 약 28,000m²의 부지였으나, 최근 15만 8,000m²로 확장되었다. 실내 물놀이장과 연결된 실내 체육관에는 배구장과 배드민턴장, 농구장 등과 함께 암벽타기 시설도 있어 사시사철 물놀이와 체육 활동이 가능하다.

김정은은 2014년 신년사에서도 문수물놀이장을 언급할 정도로 물놀이장 건설을 그의 업적 가운데 하나로 여기고 있다. 장기적으로는 릉라인민유원지에서 문수물놀이장까지 연결하는 케이블카를 설치할 계획이라고 하는데, 그것이 완공되면 문수물놀이장, 5월1일 경기장, 릉라인민유원지 등 대동강을 중심으로 하나의 거대한 생활·문화 휴식공간이 꾸려지는 셈이다.

문수유희장(물놀이장)은 공원과 유원지가 많지 않은 동평양지역에 중요한 놀이시설로 워터슬라이드 등 최신식 시설을 갖춘 동평양지역의 대표적인 유원지이다.

숲속의 놀이터, 대성산유희장

대성산유희장은 산성과 연못, 정자와 산책로 등으로 꾸며진 기존의 대성산유원지의 안쪽 평지에 1977년 준공되었다. 평양 북서쪽 대성산 기슭 약 18ha의 넓은 부지에 건설된 대성산유희장은 대성산성 남문 주변에 각종 시설물과 놀이기구를 설치한 놀이공원으로 북한 '최초의 현대적이고 대규모적인 유희장'이라는 의미가 크다. 대성산유원지와 유희장은 김일성이 수차례나 찾아와 둘러보며 관심을 보였다. 이곳 유희장에는 준공 당시 세계 최장이라고 하는 1.5km에 달하는 관성열차, 관람차, 회전탑, 보트장, 수영장을 비롯하여 그네터, 활터, 씨름터 등과 같은 민속놀이터도 마련되어 있었다. 또 유희장구역 내에 각종 나무를

각종 놀이시설이 갖춰진 대성산유희장 전경. 공원 안쪽으로 대성산 남문과 저 멀리 대성산이 보인다.

심어 쉼터를 만들고 동물 조각도 설치하였다. 준공된 지 이미 40여 년이 지난 이 유희장은 고쳐가며 운영하다가 전면 보수하여 2012년 10월 9일 새롭게 준공하였다.

그뒤 대성산유희장을 방문한 김정은은 "신설 유희장 못지않게 잘 꾸렸다"고 높이 평가했다고 한다. 이곳에는 여러 음식점과 찻집이 있는데, 그중 남문식당은 김일성이 1977년 10월에 방문하여 아직도 사람들의 입에 오르내린다. 대성산유희장에 설치되어 있는 놀이기구 중 관성열차는 많은 사람에게 인기가 높다. 지방에서 올라와 이 관성열차를 타본 한 청년은 "뭐니 뭐니 해도 관성렬차가 우리 청년들에게는 제일입니다. 당을 따라 최후 승리를 향하여 곧바로, 오직 하나의 궤도를 따라 질풍같이 나아가는 우리 청년들의 억센 기상을 과시하는 듯하여 온몸에 힘이 막 솟는 것 같습니다. 경애하는 김정은 동지의 하늘 같은 사랑에 보답하는 길에 저희들은 청춘의 지혜와 열정을 깡그리 바쳐 나가겠습니다"라고 소감을 밝힌다. 놀이기구를 타면서도 당과 김정은을 생각하고 충성을 맹세하는 북한 사람들의 결연함에 다시금 놀랄 뿐이다.

대성산유희장은 평양의 지하철과 주요 교통시설이 연결되어 있어 접근이 용이하다. 숲속에 조성된 대성산유희장은 각종 시설이 완비되어 있고 교통도 비교적 편리하여 평양 시민과 지방에서 올라온 북한 주민들도 즐겨 찾는 유희장이다.

청소년을 위한 공원, 4월15일 소년백화원

4월15일 소년백화원은 평양 서쪽의 광복거리 끝부분에 있으며 만경대학생소년궁전의 전면 축 선상에 위치해 있다. 1990년에 개장한 이 공원은 청소년을 위한 공원으로 김일성 생일을 의미하는 '4월 15일'과 수많은 꽃나무로 꾸며진 공원이란 의미의 '백화원(百花園)'을 조합한 이름이다. 간단히 '소년백화원', 또는 '백화원'으로 부르기도 한다. 일반 시민을 위한 공원이나 유희장이 아니라 청소년을 위한 과외 활동 장소이자 학습 교육 공원이라 할 수 있다.

자연 지형을 이용하여 만든 4월15일 소년백화원은 약 10ha에 달하는 면적에 화원구, 자연풍치림구, 고산지대 수림구, 정원구 등 4개의 구역으로 나뉘며, 김일성 생일을 기리기 위해 봄의 경관에 중점을 두었다.

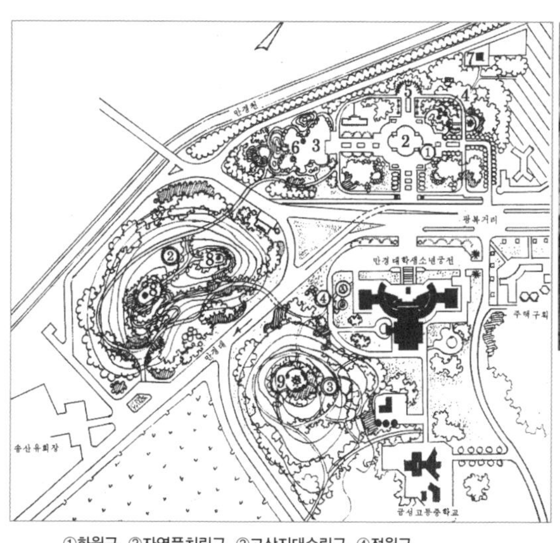

①화원구 ②자연풍치림구 ③고산지대수림구 ④정원구
1김일성화/김정일화 온실 2춤추는 분수 3못 4조롱사 5그늘덕대
6수중각 7관리건물 8전망대 9소동물사

(왼쪽) 4월15일 소년백화원 총계획도(1990).
(오른쪽) 4월15일 소년백화원 전경(2017).

전체 백화원 면적의 오분의 일을 차지하는 화원구는 중앙에 분수를 설치하고 서쪽으로 연못과 가산을 조성하였다. 이 구역에는 김일성화와 김정일화를 위한 온실이 조성되어 있어 백화원에서 가장 중요한 구역이라고 할 수 있다. 중앙부에 배치한 분수 주변은 기하학적인 배치를 기본으로 조성한 반면, 서쪽의 연못 주변은 자유로운 형태의 호안과 정자, 가산 등으로 산수풍경을 재현한 전통적인 원림 분위기를 연출하였다. 분수 주변에는 분수의 배경이 되도록 진녹색의 종비나무를 식재하고, 키 작은 화초류부터 키 큰 나무들을 배치하여 색상과 경관의 다양성을 추구하였다. 연못 주변에는 4~5m 높이의 가산을 조성하고 그 사이에 인공 폭포를 만들었다. 또 연못에는 연꽃과 꽃창포 등을 심어 화려하게 장식하였다.

화원구의 남서쪽에 위치한 자연풍치림구는 기존의 동산을 대부분 그대로 이용하였다. 소나무 숲인 이 동산에는 등산로와 정상부에 전망대를 설치하여 운동과 휴식을 할 수 있게 한 것은 물론 전망대 역할을 하는 구역으로도 활용하고 있다. 기존의 소나무 외에 추가로 벚나무, 튤립나무, 진달래 등을 심어 식재 경관을 화려하게 꾸몄다. 전망대에서는 멀리 순화강과 광복거리를 조망할 수 있다. 만경대학생소년궁전 뒷산은 청소년들의 휴식을 위해 고산지대수림구를 조성하고 기존의 소나무 숲을 배경으로 자작나무[67]를 심어 고산 지대의 식생 경관을 연출하였다. 이 구역에는 학생들의 교육과 흥미를 유발하기 위해 작은 동물원도 조성하였다. 만경대학생소년궁전 주변에 조성된 정원구는 건물 주변으로 넓은 잔디밭과 곳곳에 느티나무, 은행

---

67 북한에서는 '봊나무'라고도 한다.

나무, 분홍꽃아까시나무[68] 등을 군식하여 주변 녹지와 이어지는 정원으로 꾸몄다.

소년백화원은 구역별로 특색있게 조성하였으나, 화원구와 자연풍치림구, 그리고 고산지대수림구 사이에 현재 4~6차선 도로가 가로지르고 있어 구역별 접근성과 연계성이 다소 떨어진다. 그러나 김일성이 태어나고 자란 북한의 혁명사적지 만경대 주변에 있어 청소년 사상 교육의 중요한 거점이 되는 장소라고 할 수 있다.

68 '붉은아카시아', '장미색아카시아'라고도 불린다. 키가 약 2~3m에 달하며 꽃 색깔이 분홍색인 아카시아 품종으로 북한에서는 조경수로 자주 이용된다. 아까시나무류는 빨리 자라고 밀원(蜜源)식물(벌이 꿀을 빨아 오는 원천이 되는 식물. 꽃이 많이 피고 꿀이 많은 식물)이며, 땔감으로도 이용할 수 있어 북한에서 적극적으로 조림하고 있다.

제4부

공원과 유원지의 주요 조경 요소들

조경의 핵심, 나무와 꽃[1]

도심에서의 식물의 역할

도심에 심은 가로수와 여러 식물은 다양한 기능을 한다. 초록을 기본으로 다양한 색을 연출하는 식물은 경관미학적 기능뿐 아니라 열섬현상 방지, 공기 정화, 소음 감소 등 다양한 환경적 기능을 수행한다. 도시에는 각각의 기능과 역할에 따라 적합한 나무들을 선별하여 심는 것이 중요하다.

또 식물은 조경 공간에 생기를 부여하는 요소로서, 어느 시대건 주요한 관상(觀賞)의 대상이었다. 공원이나 정원에 심은 식물은 그 공간에 다양성을 부여하고 부드러운 인상을 불어넣는다. 이는 식물이 생명 활동을 하기 때문일 것이다. 식물은 기후나 환경 변화에 반응하며 제 모습을 바꿔나간다. 바위 같은 재료가 일관된 모습으로 불변의 진리를 나타내는 것과 달리, 생명체인 식물은 순환의 질서에 반응하며 다채로운 모습을 만들어낸다. 계절의 흐름에 따라 공간에 화려한 색채감을 더하며 활력을 불어넣는 모습이 그렇다. 식물은 물과 함께 도심에서 자연을 느낄 수 있는 주요한 소재이다. 식물은 살아 있는 생명체이므로 기후 환경에 매우 민감하다. 서울의 가로수와 제주도의 가로수가 다르듯이 환경이 다르면 식물도 달라진다.

---

1 '나무와 꽃'은 일상에서 널리 사용하는 표현이지만 식물학적으로 따지면 '나무(木本)와 풀(草本)'로 표현해야 옳다.

평양의 기후와 환경은 서울과 많이 다르지 않다. 평양의 위도는 북위 38.3도, 서울의 위도는 북위 37.3도로 약 1도 차이가 난다. 이것은 서울과 대전의 위도(북위 36.2도) 차이 정도다. 평양은 지리적으로 온대 중부에 속하기 때문에 대부분 서울의 도심에서도 흔히 볼 수 있는 나무들과 장식용 초화류를 만날 수 있다.

평양의 수림화와 원림화

평양의 공원과 유원지 조성 당시 가장 먼저 한 일은 나무 심기였다. 평양시의 조림 사업은 1960~1970년대에 집중적으로 시행되었다. 우리나라의 1970년대 전국녹화사업과 흡사하다고 할 수 있다. 북한에서 도시 내 녹지 조성은 크게 '수림화'와 '원림화' 사업으로 구분된다. 도시의 수림화와 원림화는 서로 밀접하게 연관되어 있어 얼핏 차이가 없는 것 같지만, 그 의미는 서로 다르다.

'도시 수림화'는 우리나라의 도시림처럼 도시 구조의 중요 요소 중 하나로 도시 녹지의 골격을 형성한다. 즉 도시계획의 단점을 보완하여 도시 생태 환경을 적극적으로 개선하려는 목적으로 도시 건축을 선도하고 때로는 제한하는 역할을 한다. 식물뿐 아니라 동물이나 토양, 물 등 각종 생태적 요소가 포함되며 파괴된 생태계를 재생하는 것이 관리 목표이다. 나무도 환경보호와 경제적 가치가 있는 수종을 기본으로 하여 다양한 층위를 가진 밀도 높은 복층림으로 조성한다.

반면에 '도시 원림화'는 도시계획의 일환으로 주민들에게 휴식 장소를 제공하고 일정 대상이나 구역을 장식하고 미화하는 기능을 수행한다. 그러므로 도시 건축에 종속되어 도시의 가로나 공공건물, 주

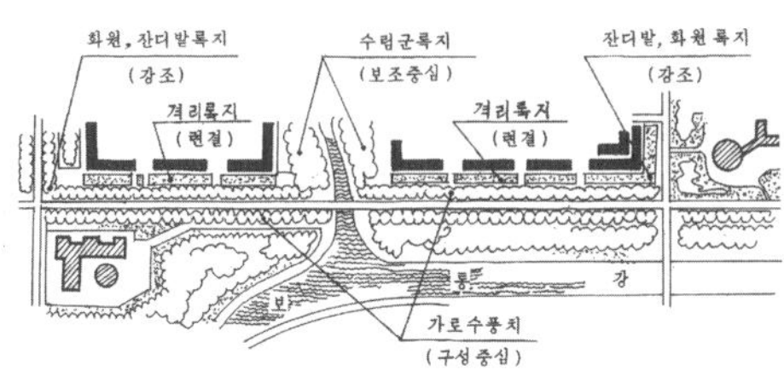

(위) 평양의 도로와 건물의 경계부에서 다양한 기능을 수행하는 식재 사례. 모란봉구역의 영웅거리 주변.
(아래) 도로변으로는 가로수를 식재하였으며, 건물과 가로수 사이에는 잔디 등으로 연결 녹지 공간을 조성하였다(《조선건축》(1991)).

택 등을 꾸며주는 역할을 할 뿐이다. 따라서 관상식물 위주의 단층림으로 조성하며 장식미화 수종을 유지하고 관리하는 데 초점을 두고 있다.

다시 말해 도시 수림화는 도시림으로서 도시계획에서 주체적인 역할을 하는 반면에 공원과 유원지를 대상으로 하는 원림화는 도심에서 부차적인 역할을 한다.

평양의 나무 심기

평양의 공원과 유원지에는 "도시와 그 주변에 공원과 유원지를 비롯한 근로자들의 문화휴식터를 곳곳에 잘 꾸리며 꽃과 나무를 많이 심어 주민들의 훌륭한 생활환경을 조성해야 합니다"라는 김일성의 지시에 따라 다양한 나무를 심었다.

평양의 공원과 유원지의 나무 심기는 각 공간의 기능과 역할에 따라 조금씩 차이가 있다. 우선 공간에 따라 자연 지역과 인접한 공원 주변 지역의 나무 심기, 공원 내 도로 및 오솔길 나무 심기, 그리고 공원 내 각기 다른 기능을 가지고 있는 구역별 나무 심기 등 크게 셋으로 구분할 수 있다. 구릉이나 호수, 연못 주변에는 각각의 입지 환경과 조화를 이룰 수 있도록 적당한 밀도와 수종을 선택하여 심고, 공원 내 도로 주변에는 소음 방지나 경계 등의 기능을 할 수 있도록 크고 작은 나무를 층위별로 심는다. 또 공원 내 출입구지역, 광장지역, 휴식지역, 주차장지역 등 장소별 기능에 맞게 식재 경관[2]을 연출하고 있다. 한편 도로와 건물 사이에는 도로변으로 가로수를 심고 사이에 잔디나 초화류 등으로 연결 녹지를 조성하였다.

북한에서는 최근에 공원과 유원지에 적합한 나무를 평가하고 분석하였는데, 경제적 가치, 환경보호적 가치, 기후 적응성, 원림학적 가치 순으로 평가 지표를 설정하여 적합한 나무를 선별하였다. 그 결과 매우 적합한 수종은 주목, 섬향나무, 종비나무, 섬잣나무, 백송, 느티나무, 백목련, 황목련, 튤립나무, 은행나무, 매화 등이며, 적합한 수종은 곰솔, 솔송나무, 편백나무, 화백나무, 리기다소나무, 구상나무, 살구나무, 벚나무, 회화나무, 향오동나무, 자작나무, 층층나무, 마가목, 감나무 등 대부분 추위에도 강한 수종들로 나타났다.

일반적으로 공원과 유원지에는 관상미가 있고 휴식을 위한 녹음 조성과 환경보호 기능이 있는 나무를 주로 심는다. 또 나무에 꽃이 피는 시기를 고려하여 각 계절별로 꽃을 감상할 수 있도록 품종을 선택

2 북한에서는 '식물풍경'이라 한다.

한다. 뿐만 아니라 최근에는 가로수의 녹화량과 녹화 계획을 수립하기 위해 주요 수종들의 엽면적지수(葉面積指數, leaf area index)[3]를 분석하기도 하였다. 연구 결과에 따르면 향나무, 수삼나무(메타세쿼이아), 측백나무, 은행나무, 느티나무 등이 엽면적지수가 높은 것으로 조사되었다고 한다.

평양 거리를 꾸미는 나무와 꽃

평양시에서 가장 화려하고 다양한 식물을 볼 수 있는 곳은 만경대혁명사적지이다. 소나무 숲이 우거진 곳에 자리 잡은 만경대에는 전나무, 방울나무, 넓은잎정향나무, 살구나무, 복숭아나무, 앵두나무 등 외국 사절들이 기념식수한 각종 나무가 있다. 꽃이 아름다운 총 30여 종의 나무 100여 종의 꽃 피는 초본류(草本類)가 있어 야외 식물원을 연상케 한다.

평양 시내 도로변의 가로수는 대부분 1~4줄로 열식(列植)하여 보행자에게 그늘을 제공한다. 또 공공건물 전면부, 주차장, 버스 정류장 등의 가로 주변에는 작은 휴식 공간을 조성하거나 공간이 다소 넓은 곳에는 가로변에 화단을 만들고 거기에 키 작은 꽃나무를 여럿 심어 소공원(小公園)을 조성하고 있다. 한편 도로 폭이 넓거나 자연 지형에 접해 있는 도로에는 모아 심기를 하기도 한다.

같은 종류의 나무 여러 그루를 모아 심는 '군식(群植)'을 북한에서는 '뭉치식 나무심기'라고 한다. 북한에서는 김일성이 지시한 이

3 '잎면적지수'라고도 하며, 지면 단위면적당 지상부 식물 잎이 차지한 총면적의 비를 말한다.

평양 창전거리의 가로 경관. 가로수는 은행나무이다.

'뭉치식 나무심기'가 원림 풍치 조성에 중심이 되는 풍경의 새로운 형식이며, "원림화수법 창조에서 새로운 전환"을 가져오게 했다고 평가하고 있다. 이와 같은 나무 심기 방식은 같은 종류의 나무를 집중적으로 한데 모아 심어 그 "집단적인 아름다움(집체미)"을 볼 수 있게 한다는 것이다. 나무 심기에도 모든 일을 단체로 하는 북한의 사상과 생활방식이 반영되어 있는 듯하다. 이와 같은 군식이나 1년생 초화류를 이용한 화단 조성 등의 식재 기법은 북한에서 1960년대 초반부터 시작되었다.

가로수로는 전나무, 종비나무, 잣나무, 측백나무, 수삼나무, 은행나무, 느티나무, 살구나무, 호두나무, 분홍꽃아까시나무, 방울나무 등을 주로 심는데, 예를 들면 칠성문거리, 개선문거리, 주체탑거리 등에는 봄철에 꽃을 피우는 살구나무를, 영광거리, 승리거리, 천리마거리 등에는 은행나무를 심는 등 각 도로별로 다른 수종으로 가로수를 심어 거리의 특색을 구현하였다. 새롭게 조성한 고층 아파트가 모여 있어 평양의 맨해튼이라 불리는 려명거리에는 수삼나무를 가로수로 심었다. 려명거리는 2018년 9월 18일 문재인 대통령이 평양 순안비행장에 도착한 뒤 평양 시내에서 김정은 위원장과 카퍼레이드를 벌일

(왼쪽) 평양 비파거리 가로 경관. 회화나무 가로수 아래 보라색 꽃이 피는 초화류를 식재하였다.
(오른쪽) 평양의 가로수로 자주 심는 분홍꽃아까시나무.

때, 평양 시민들이 연도(沿道)[4]에 나와 열렬히 환영했던 곳이다. 상록 침엽수인 전나무, 측백나무, 종비나무, 잣나무 등은 주로 혁명사적지[5] 주변의 가로수로 이용하고 있다.

거리의 녹지에는 또한 북한의 국화인 함박꽃나무(학명 Magnolia sieboldii)[6], 우리나라 국화인 무궁화, 모란, 황매화, 수국, 해당화, 명자나무, 미선나무, 개나리, 병꽃나무, 넓은잎정향나무[7] 등 꽃이 아름다운 키 작은 나무들을 심었다. 특히 북한에서 목란(木蘭)이라 불리는 함박꽃나무는 김일성·김정일과 연관된 사적지 주변과 당 기관의 건물이나 거리 주변, 그리고 학교 구내 등지에 적극 식재하였다. 북한의 '식물대백과사전'이라 할 수 있는 『조선식물지』의 '목란(함박꽃나무)' 항

4 큰 도로 좌우에 연하여 있는 곳.

5 혁명사적지 중에 만경대혁명사적지, 봉화혁명사적지, 어은혁명사적지 주변의 숲은 '특별보호림'으로 지정하여 특별 관리하고 있다.

6 목련의 일종으로 목란(꽃)이라고도 한다. 대개 산지 계곡부 주변에 자라며, 하얀 꽃이 매우 아름답고 향기도 좋다. 김일성은 "목란꽃(함박꽃나무)은 아름다울 뿐 아니라 향기롭고 열매도 맺고, 생활력도 있기 때문에 꽃 가운데서 왕이라고 할 수 있습니다. 그래서 나는 목란꽃을 우리나라의 국화로 정하고자 하였습니다"라고 하였다.

7 '수수꽃다리'를 뜻한다.

(왼쪽) 함박꽃나무(목란)는 김일성이 정한 북한의 국화이다. 함박꽃나무를 모티프로 한 북한의 우편엽서.
(오른쪽) 대성산의 중앙식물원에서 자라는 함박꽃나무는 북한의 천연기념물 제11호이다.

목에는 "위대한 수령님께서 교시하신 바와 같이 목란꽃은 꽃이 크고 아름다울 뿐 아니라 향기도 그윽하고 나무 잎도 보기 좋다. 때문에 원림 관상용으로 정원이나 공원, 유원지에 한 그루 또는 몇 그루씩 뭉쳐 심는다. 큰 공원이나 유원지에 계곡을 형성하고 물길을 따라 다른 나무들과 섞어 심으면 나무도 잘 자라고 풍치도 좋아진다. 또한 혁명사적지와, 기념비적인 건축물과 시설물, 도시와 농촌 마을 주변에 풍치림으로 심는다"고 설명하고 있다. 자연과학전문서적인 『식물대사전』에도 김일성의 말 한마디까지 상세히 기록하는 북한의 실정이 생소하기만 하다.

그 외에도 수선화, 앵초, 금낭화, 삼백제비꽃, 은방울꽃, 원추리, 붓꽃, 비비추, 도라지, 감국, 국화, 봉선화, 나팔꽃 등 초본류들도 거리에서 흔히 볼 수 있다.

김일성화와 김정일화

북한에서 김일성과 김정일을 위해 헌화된 김일성화와 김정일화는 매우 특별한 의미를 가지고 있다. 이 꽃들은 우상화의 일환으로 대대적으로 연구하여 보급하고 있다. 평양 대성산 기슭에 자리잡고 있는 중앙식물원에는 심지어 이 꽃들을 위한 전용 온실이 있을 뿐 아니라 각 지역에서도 온실을 만들어 재배와 보급에 열을 올리고 있다. 만경대 주변에 조성된 4월15일 소년백화원에도 김일성화, 김정일화를 위한 온실이 조성되어 있다.

'김일성화'는 난(蘭)과에 속하는 열대식물로 1964년 초 인도네시아 식물학자가 교배·육종한 종이다. 1965년 인도네시아를 방문한 김일성을 위해 당시 동행했던 수카르노(Achmed Sukarno) 대통령이 김일성의 이름을 식물명으로 삼은 것이 그 유래가 되었다. 이 난은 그 후 1977년에 북한 주민들에게 처음으로 소개되었으며, 북한에서는 김일성화를 '충성의 꽃', '불멸의 꽃', '태양의 꽃'이라고도 부른다.

김일성화 명명 50주년을 기념하는 북한의 기념우표(2015). 김일성과 함께 인도네시아의 수카르노 대통령도 그려져 있다.

'김정일화'는 베고니아(Begonia)과에 속하는 다년생식물로 일본인 가모 모토테루(加茂元照)가 품종을 개량하여 1988년 김정일 생일에 선물했다고 한다. 2002년에는 평양시에 지상 2층, 지하 1층, 연건평 5,000m² 규모의 김일성화·김정일화 전용 전시관을 조성하기도 하였다. 매년 평양에서는 김일성 생일인 태양절에 외국인들을 초청하여 〈김일성화 축전〉 같은 행사를 열기도 하며, 이 꽃들은 주요 행사가 열리는 금수산기념궁전 주변 장식용으로도 자주 이용된다. 김일성화는 2014년 중국의 칭다오에서 개최된 세

(왼쪽) 조선김일성화김정일화위원회에서 발행한 잡지《불멸의 꽃》(2014). 김일성화(위쪽)와 김정일화(아래쪽)를 표지 사진으로 삼았다.
(오른쪽) 주요 행사가 열릴 때마다 주변이 김일성화와 김정일화로 장식되는 금수산기념궁전.

계원예박람회에서 최고상인 금상을 받았다고 한다. 심지어 북한은 조선김일성화김정일화위원회를 조직하여 김일성화와 김정일화에 대한 연구뿐 아니라 김일성화와 김정일화 관련 기관지까지 발행하고 있다.

북한에서는 최근에 도심의 조경수와 숲의 중요성을 새롭게 인식하고 있다. 도시림의 환경생태적 효과와 생물 다양성의 관계 등에도 관심을 기울이고 있으며, 북한의 〈원림법〉에는 각 장소별로 권장하는 식물 유형이 있다(「부록」의 〈조선민주주의인민공화국 원림법〉 참조).

도시에 활기를 불어넣는 연못과 폭포

물의 조경적 역할

도시에 공원을 조성할 때, 식물 못지않게 중요한 요소는 '물'이다. 개울이나 연못은 삭막한 도시 풍경에서 매우 중요한 역할을 한다. 동적이면서도 동시에 정적인 요소로 작용하는 물은 못이나 개울, 폭포, 분수 등의 다양한 형상으로 경관에 고요함과 역동성을 부여한다. 그뿐만 아니라 도심의 연못, 개울, 호수 등은 환경 면에서도 중요한 기능을 한다.

고요함과 깨끗함을 상징하는 공원의 연못은 콘크리트로 둘러싸인 회색의 도심에 자연과 여유로움을 선사한다. 서울 잠실의 석촌호수, 월드컵경기장 앞 평화의공원에 있는 난지연못, 서서울호수공원, 북서울꿈의 숲의 월영지 등은 각종 스트레스에 지친 서울 시민들이

(왼쪽) 서울 창덕궁의 부용지. (오른쪽) 평양성 대동문 가까이에 있던 연못과 연못 중앙의 애련당. 〈평양성도 병풍〉 부분. 송암미술관 소장.

즐겨 찾는 휴식처이다. 연못이나 호수가 조용하고 사색적인 분위기를 연출한다면, 폭포는 힘과 활력이 넘치는 공간을 창출한다. 시원한 폭포수가 흘러내리는 서울 중랑구의 용마폭포공원과 금천구의 금천폭포공원은 폭포가 중심인 서울의 대표적인 공원이다.

연못이 현대의 공원이나 정원에서만 중요한 것은 아니다. 예전 궁궐이나 사대부의 주택에서도 중요한 시설 가운데 하나가 연못이었다. 서울의 창덕궁 후원에서 만나볼 수 있는 부용지, 애련지 등도 그런 사례이다. 평양팔경 가운데 하나인 '연당청우'도 연못과 관련된 정경이다. 〈평양성도 병풍〉에 그 연못과 애련당이 그려져 있다.

물의 유형과 이용

물은 흐름의 유형에 따라 못, 호수 등과 같은 '지수(止水)'와 산골짜기에 흐르는 시냇물인 '계류(溪流)', 폭포 등과 같은 '유수(流水)'로 구분할 수 있는데, 평양의 공원에는 각각 특징에 맞게 다양한 수경시설(水景施設)[8]을 도입하였다. 북한에서는 물이라는 요소로 경관을 연출하는 것을 '물풍치 형성'이라고 부른다.

평양 공원의 대표적인 수경시설로는 연못과 폭포를 들 수 있다. 공원에서 연못은 다양한 경관적 요소로 작용할 뿐 아니라 물놀이, 낚시, 뱃놀이 등을 즐길 수 있는 휴게시설이기도 하다. 북한에서 못은 연못, 물고기 관상못, 낚시못, 뱃놀이못 등 기능에 따라 구분하여 조성한다. 물의 깊이는 그 이용 특성에 따라 다른데, 물고기를 관상하는 관

---

8 분수나 인공 폭포, 연못, 호수, 벽천(壁泉, 장식으로 벽에서 흘려내리거나 뿜어져 나오게 만든 샘. '벽샘'이라고도 한다) 등 물을 이용하여 만든 시설물을 뜻한다.

상못일 경우 60~80cm, 시민들이 뱃놀이를 즐길 수 있는 못일 경우 1.2~1.5m, 낚시못일 경우 1.5m 이상이 되도록 조성한다. 또 연못의 가장자리는 건축물이 있을 경우 다듬은 돌을 이용하여 기하학적인 평면으로 처리하고 그 반대편에는 완만한 경사에 자연적인 평면 형태로 조성하고 있다.

폭포는 대부분 연못의 정자나 수변의 휴게시설 건너편에 조성해 조망의 중심이 된다. 폭포는 흙으로 쌓은 가산의 봉우리 사이 중앙에 설치하는데, 그 높이는 가산 높이의 3분의 1~2분의 1 정도로, 서울의 공원에 설치된 폭포보다 대부분 규모가 작은 편이다. 또 개울이나 정자를 중심으로 연출된 폭포 경관은 폭포가 주제인 서울의 폭포공원과는 그 분위기가 다르다.

연못과 폭포가 있는 평양

평양의 공원에는 연못과 폭포가 중요한 조경 요소로 거의 모든 공원에서 발견된다. 평양의 유명 식당인 청류관과 북한 최대의 목욕시설인 창광원 사이에 있는 창광원공원의 연못은 그 규모가 커서 연못 자체가 공원 역할을 한다. 그 연못의 연꽃은 여름이면 장관이다.

공원에는 연못과 폭포가 함께 조성되어 있는 곳이 많다. 지대가 다소 높은 곳에 폭포를 조성하고 그 아래 연못을 만들어 폭포와 연못이 함께하는 수경관(水景觀)을 연출하였다.

폭포나 연못 주변에는 대부분 정자를 배치하였다. 대표적인 곳으로는 개선청년공원과 모란봉청년공원인데, 이들 공원 부지는 다소 경사졌기 때문에 폭포를 조성하기 적합했다. 개선청년공원에는 입구

창광원공원의 연못(왼쪽)과 모란봉청년공원의 모란폭포와 평화정(오른쪽).

주변에 연못을, 그 안쪽에 폭포를 만들었다. 암석을 배치하고 높이를 달리한 3단 폭포는 자연 지형을 그대로 이용해 조성하였다. 폭포에서 흐르는 물은 아래쪽 연못에 모아두고 그 연못 한가운데에 분수시설을 설치하였으며, 연못가에는 오각(伍角)정자인 청수정을 배치하였다.

모란봉청년공원 안쪽에도 '모란폭포'가 있다. 대동강물을 인공적으로 끌어올려 조성된 모란폭포는 높이가 약 13m에 달한다. 김일성은 모란폭포의 풍광이 개성의 박연폭포, 금강산의 구룡폭포 못지않다고 흡족해 했다고 한다. 물줄기가 시원스럽게 떨어지는 모란폭포의 절벽 옆에는 '평화정(平和亭)'이라는 정자를 세웠다. 폭포는 자연 지형과 조화롭게 설치하는 경우가 대부분이지만 만수대분수공원의 사례처럼 평지에 인공적인 형태로 만들어 놓은 폭포도 있다.

지형 조건이 적합한 곳에서는 개울이나 폭포 등을 조성하여 자연스러운 계곡의 풍치를 연출한 곳도 있다. 대표적인 곳이 대성산유원지인데, 대성산유원지는 경사가 있고 지형이 적당하여 계곡과 골짜기, 호수 등 다양한 수경관이 펼쳐진다. 게다가 고구려 산성이 있던 장소이므로 발굴로 드러난 여러 연못을 조경 요소로 활용할 수 있는 장점이 있었다.

미천호와 동천호로 대표되는 대성산유원지의 수경관은 대동강에서 인위적으로 끌어올리는 물 공급 시설이 있어 가능했다. 대동강 변에 양수장을 설치하고 국사봉과 장수봉의 대성산 봉우리까지 인공적으로 끌어올린 물은 미천호와 동천호, 그리고 인근의 동물원 연못으로 흘려보냈다. 또 물길의 높낮이를 주어 인공적인 폭포나 낙차공(落差工)[9]을, 또는 물길의 폭과 형태를 이용하여 급류와 와류(渦流)[10]를 만들고 지형을 이용하여 잔잔한 수면을 연출하기도 했다. 이처럼 자연 풍치 공원에서는 물길의 형태와 돌의 배치에 따라 다양한 수경관을 보여준다.

평양 시내의 공원 중 대성산구역의 평양민속공원 안에 조성되었던 연못이 규모로는 가장 컸을 것이다. 2012년에 완공되었다가 2016년에 해체된 평양민속공원에는 규모가 약 2ha에 달하는 못을 만들고 그 안에는 울릉도와 독도를 포함한 한반도 지형을 그대로 재현한 섬을 조성하였다. 못 한가운데에 거북선 모형을 만들어 띄워 놓고 '우리식 민속공원이자 생태공원'이라 선전하던 평양민속공원은 2016년 김정은의 지시에 따라 해체되었다.

평양의 공원에서 연못과 폭포는 빼놓을 수 없는 시설이다. 단순히 바라만 보는 것을 넘어, 때로는 호수나 연못에서 배를 타거나 겨울철에 물이 얼면 스케이트나 썰매를 타기도 한다. 평양 시민에게 연못은 도심에서 자연 풍경을 즐길 수 있는 경관(景觀)시설이자 놀이시설이기도 한 것이다.

9 하천이나 수로의 바닥면에 설치되는 수리(水利, 물을 이용)구조물로 물의 흐름과 물길을 안정화하기 위한 것.

10 물이 소용돌이치면서 흐름. 또는 그런 흐름.

공원의 볼거리, 분수와 조각품

분수의 조경적 역할

하늘로 물을 뿜어올리는 분수는 예나 지금이나 공원의 대표적인 볼거리이다. 프랑스 파리의 퐁피두센터(Centre Georges-Pompidou) 옆 조각 분수 공원에는 특이한 각종 조각이 움직이면서 벌이는 분수쇼가 여행객의 발길을 끈다. 시원하고 동적인 느낌을 주는 분수는 여러 종류가 있다. 서울에는 뚝섬한강공원의 음악분수, 난지한강공원의 거울분수 등 주제별 분수도 있다. 특히 서울 시청 앞의 서울광장 바닥분수, 여의도의 물빛광장분수 등은 지면에서 물을 뿜어낸다. 이는 아이들이 여름철에 함께 뛰어놀며 즐길 수 있는 물놀이터이기도 하다. 서울시 25개 자치구에 약 440여 개의 분수가 설치되어 있어 한여름의 무더위를 식혀주는 명소가 된다. 대도시에는 어느 곳이나 분수와 연못, 벽천 등의 시설이 있어 청량감을 준다.

분수는 고대 유럽에서 정원이나 궁전에 중요한 경관 요소로 간주되어 왔으며, 중세에는 궁전이나 귀족의 저택뿐 아니라 상인들의 주택이나 주요 광장 등지에도 빼놓지 않고 설치하였다. 우리나라에는 20세기에 들어서 분수를 도입하였는데, 유럽만큼 활발하게 이용하지는 않고 있다. 특히 전통적인 조경 공간에는 분수를 설치하지 않았다. 자연의 이치를 중요시했던 우리 선조들은 아래로 흐르는 물의 성질을 역행하는 것으로 생각하여 분수를 꺼렸다.

도시 공원에서 다양한 수경관을 연출하여 시민들에게 볼거리를 제공하는 분수는 평양에서도 공원과 유원지, 주요 거리 등지에 설치되어 있으며, 시민들이 즐겨 찾는 곳이기도 하다.

평양에 설치된 분수는 일반적으로 '주분수'와 '보조분수'로 나뉘는데 중앙에서 수직으로 높이 뿜어내는 분수를 주분수, 주변에서 조용하고 잔잔하게 물을 뿜는 분수를 보조분수라고 한다. 북한에서는 분수조차도 건축물처럼 주종관계의 역할이 확실하다.

평양의 분수들

평양에는 분수를 주제로 한 분수공원이 있는데, 대표적인 곳이 만수대분수공원이다. 만수대예술극장 앞에 조성된 만수대분수공원은 1976년 10월에 완공되었으며, 만수대 언덕에 자리 잡은 만수대 대기념비와 김일성광장 뒤편의 인민대학습당을 연결하는 축 선상에 배치되어 있다.

지형상 다소 높은 곳에 조성된 만수대분수공원에는 분수뿐 아니라 여러 조각 작품과 괴석, 그리고 인공 폭포 등 다양한 시설물을 함께 배치해 그 자체로 많은 볼거리를 제공한다. 중앙에는 물을 80m까지 높이 쏘아올리는 수직분수가 설치되었고 무지개분수, 우산분수 등 다양한 형태의 분수 옆 수면 위에는 조각상들을 대각선 형태로 배치하였다. 분수 가장자리에는 괴석을 여러 개 두어 마치 기암괴석으로 이루어진 산봉우리처럼 형상화하였다. 또 다른 한편에는 괴석 사이로 인공 폭포를 만들어 놓았다.

북한은 만수대분수공원을 '금강산의 만물상이나 묘향산의 비로

만수대예술극장과 만수대분수공원.

봉'을 연상시키는 분수공원이라고 자평한다. 만수대분수공원 바로 옆에는 무궁화꽃 모양으로 평면을 배치한 학당골분수공원이 자리 잡고 있다. 이들 분수공원은 유동 인구가 많은 곳에 있어 평양 시민이 즐겨 찾는다.

그 외에도 주체사상탑, 당창건기념탑, 만수대예술극장, 천리마거리, 개선문청년공원, 모란봉야외극장, 청류관, 만경대학생소년궁전 등 평양의 주요 건축물 주변에는 반드시 분수시설을 갖추고 있다. 이 분수들은 건축물들을 부각시키는 보조 역할뿐 아니라, 더 많은 사람을 기념 건축물 주변으로 끌어들이는 역할도 한다.

평양의 분수로 가장 대표적인 것을 꼽으라면 대동강 한복판에 설치된 대동강분수를 들 수 있다. 이 분수는 150m까지 쏘아올릴 수 있는 2개의 분수로 구성되어 있는데, 주체사상탑과 김일성광장이 이루는 축 선상에 배치되어 있다. 높이 솟아오르는 물줄기가 주체사상탑을 돋보이게 한다.

북한에서는 하늘로 솟구치는 분수의 모양에서 투쟁과 혁명의 사상을 찾아낸다. "분수는 사람들에게 충분한 휴식조건을 마련해줄 뿐 아니라 그 훌륭한 조형적 해결로 혁명하는 시대, 투쟁하는 시대에 사는 그들의 사상미학적 요구를 충족시켜주고 있다"라거나, 주체사상탑 앞 대동강 한복판에 설치한 분수를 두고 "150m로 높이 솟구쳐 오르는 이 분수의 조형적 형상을 통해 사람들은 주체사상탑에 담겨져 있는 주체사상적 내용, 주체사상의 위대성과 영원 불멸성을 더욱 깊이 체득하게 되며 난관을 두려워하지 않고 맞받아 뚫고 나가는 혁명적 기상을 감수할 수 있게 한다"라고 설명하는 것이 그런 사례이다.

이쯤 되면 분수에 대한 새로운 미학적 견해라고 하지 않을 수 없다. 평양의 분수 중에 물을 위로 높이 뿜어올리는 분수가 특히 많은 것이 결코 우연이 아닌 것이다. 위를 향해 솟구치는 분수의 형상을 마치 인민들이 힘을 합해 '일떠서는'[11] 모습으로 해석하는 듯하다. 분수의 형상에서도 북한 주민에게 요구되는 결기 서린 투쟁과 혁명 의지를 읽을 수 있는 대목이다.

평양의 또 다른 조경 요소, 조각품

분수시설과 함께하는 평양 도심의 조경적 요소로는 조각품을 들 수 있다. 북한에서는 조각품들을 거리 주변이나 분수대와 함께 배치하는 것이 일반적이다. 조각품을 거리에 배치할 때는 차도 또는 인도와 건물 사이의 공간에 두고 그 높이는 사람의 수직 시야각을 고려하여 대

11 북한에서 흔히 사용되는 표현인 '일떠서다'는 '기운차게 썩 일어서다'라는 뜻으로 결연한 의지를 가지고 몸을 일으켜 세우는 모습을 나타내는 말이다.

만수대 대기념비의 일부로 세워진 김일성(왼쪽)과 김정일 동상(오른쪽).

북한이 주체미술의 본보기로 내세우고 있는 만수대 대기념비 군상.

만경대학생소년궁전 주변에 설치된 동물 형상의 조각품들.

략 4~5m로 한다. 특별히 상징적인 조각품은 먼 거리에서도 잘 보일 수 있도록 10여 미터 크기로 제작하기도 하는데, 〈만수대 대기념비〉의 일부로 중앙에 세워진 김일성과 김정일 동상은 높이가 20m에 달한다.

북한이 내세우는 대표적 조각 작품으로는 김일성의 혁명 사상과 혁명 역사를 기념하는 〈만수대 대기념비〉와 〈천리마동상〉 등을 들 수 있다.

조각상은 인물을 모티프로 하거나 동물, 또는 동물과 인물이 함께하는 작품이 대부분인데, 거의 모든 조각품이 실제 모습을 사실 그대로 형상화했다. 추상적인 조각이나 미술 작품은 북한에서 '부루조아의 반동 및 퇴폐주의'의 산물이라 평가하기 때문에 찾아볼 수 없다. 이러한 경향은 북한뿐 아니라 사회주의 국가에서 흔한데, 구소련의 미술과 문학에서도 지배적인 이데올로기였던 '사회주의 사실주의(Socialist Realism)'의 영향이라고 할 수 있다.

거리에 배치한 조각품은 각각 거리 특성에 맞게 세워지는데, 예를 들면 평양체육관 및 공공체육시설, 창광원 등이 들어선 천리마거리에는 체육 경기와 무용 장면 등을 형상화한 조각들이 배치되어 있고, 락랑구역의 통일거리에는 통일을 주제로 한 〈통일의 합수〉, 〈통일의 염원〉 같은 조각품을 배치하였다.

(위) 만수대분수공원 전경. 분수 조각품은 항일 유격대원의 혁명 정신을 주제로 한 무용극 〈눈이 내린다〉에 등장하는 무용수를 형상화하였다고 한다.
(아래) 광복거리와 통일거리에 설치된 조각 작품들.

분수대 주변에 설치한 조각품은 대부분 무용이나 가극 등에 등장하는 것을 형상화했다. 인민문화궁전 앞 분수대에 설치한 조각품은 〈강선의 저녁노을〉[12]이라는 무용 작품에 등장하는 장면을 형상화한 것이다. 만수대예술극장 앞 만수대분수공원에 설치한 조각품은 무용극 〈눈이 내린다〉[13]를 모티프로 한 조각 군상으로 항일 유격대원의 혁명 정신을 보여주는 28명의 무용수를 형상화하였다. 그 외에도 동화에 등장하는 여러 장면과 요소를 모티프로 한 조각 작품이 통일거리나 광복거리 등지에 세워져 있다.

12 김정은이 직접 지도·감독했다고 알려져 있는 가극이다.
13 항일 유격대의 활동을 소재로 만든, 1967년 초연된 북한의 혁명무용극이다.

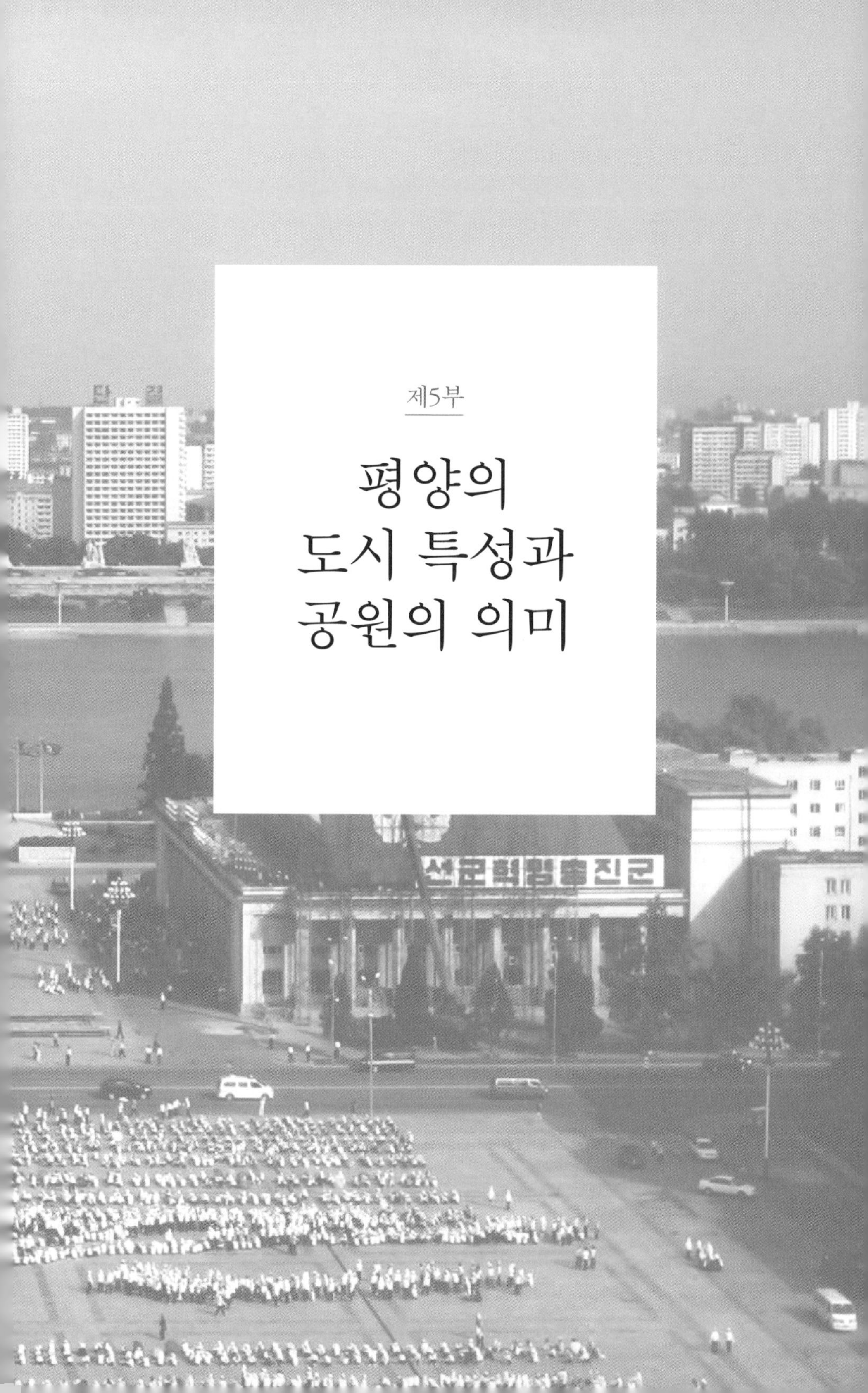

제5부

평양의 도시 특성과 공원의 의미

대도시의 푸른 섬

평양과 서울은 도시 특성상 크게 두 가지 면에서 차이를 보이고 있다. 우선 평양의 중심부에는 서울의 도심에 비해 고층 빌딩이 많지 않다. 평양의 중심구역인 중구역과 모란봉구역은 서울의 중구와 종로구에 해당된다고 할 수 있다. 서울의 중심지라고 할 수 있는 중구와 종로구는 상업기능이 집중된 중심 업무지역(Central Business District, CBD)으로 고층 빌딩이 밀집되어 있다. 반면에 평양의 원도심이라 할 수 있는 중구역과 모란봉구역에는 최근에 새롭게 조성된 려명거리, 미래과학자거리 등 일부를 제외하고는 고층 빌딩이 적다. 도심 한복판에 업무지구용 수십 층짜리 고층 빌딩이 집중되어 있는 서울과는 사뭇 대조적이다.

또 다른 차이는 평양 도심에는 녹지가 많다는 점이다. 여기에는 농지의 비율도 높을 뿐더러 공원과 유원지가 큰 역할을 하는데, 전쟁 후 평양 도시계획의 중요 정책 중 하나가 바로 도심 속의 공원 건설이었다. 김일성이 '공원과 유원지가 노동자의 휴식터이자 교육공간'임을 자주 강조한 결과이기도 하다. '북한 건축의 아버지'로 불리는 김정희도 1953년 마스터플랜에서 도시에서 녹지의 중요성을 누차 강조하고 있다. 게다가 사유지가 극히 제한되고 도시계획과 개발이 국가 통제하에 있어 서울보다 녹지가 잘 보전되어 왔다.

평양의 녹지는 도심에 골고루 분포해 있는데, 이는 평양의 도시

역사와도 관련이 있다. 서울은 조선시대 수도로서의 면모를 갖춘 한양을 도시 건설의 근간으로 한다. 그래서 경복궁과 창덕궁, 덕수궁 등의 궁궐을 중심으로 도심이 발달하였다. 평양은 일제강점기와 한국전쟁을 거치면서 많은 유적이 훼손되었다. 특히 한국전쟁 중 폭격으로 평양이 초토화되면서 과거의 모습을 거의 찾을 수 없게 되었다. 한국전쟁 중에 평양의 90%가 파괴되어 모란봉의 최승대, 을밀대, 현무문 등 주요 문화재를 제외하고는 대부분 새로 건설된 건물들이다.

전쟁 이후 파괴된 평양은 철저한 도시계획 아래 건설을 진행했다. 평양의 도시계획을 주도한 김정희는 도시 곳곳에 녹지를 두어 도심이 과도하게 확장되는 것을 방지하려 하였다. 게다가 전쟁 중에 엄청난 폭격을 받았던 북한으로서는 쓰라린 전쟁 경험을 도시계획에도 반영하였다. 그 결과 혹시 모를 폭격에 대비해 건축물들을 한 곳에 집중시키지 않고 적당한 간격을 두고 배치하였으며, 주요 건축물과 시설물의 중간중간에 녹지와 여러 공원을 배치하였다. 이것이 평양시의 주요 건물들이 녹지 속에 여유롭게 자리 잡은 내력이자 현재의 모습이라고 할 수 있다.

한편 필요에 따라 공원의 면적과 배치가 종종 축소되거나 변형되는 우리 실정과 달리 평양의 공원과 유원지는 원래의 계획대로 오래도록 유지되는 경우가 대부분이다. 물론 구역이 확장되거나 새로운 놀이시설이 도입되는 경우도 많지만 기본 배치는 그대로 유지되곤 한다. 이는 장기적인 마스터플랜하에 도시 건설이 진행된 결과이기도 하지만, 국유화된 토지의 계획과 개발을 정부에서 관할하기 때문이기도 할 것이다. 도시공원 일몰제로 인해 녹지 면적이 감소할 수도 있는 우리 사정과 대비된다.

평양의 인구 1인당 녹지 면적은 일제강점기에는 4m², 해방 후인 1950년대에는 9m^2, 1960년대에는 15m^2, 그후 1970~1980년대에는 48m^{2}로 늘어났다. 평양 전체의 녹화 사업은 1970~1980년대에 거의 마무리되었다고 할 수 있다.

서울은 현재 전체 면적의 약 40%만이 녹지 및 미개발지역인 반면, 평양은 전체 면적의 80% 이상이 녹지 및 미개발지역이다. 또 북한은 평양 시내를 관통하는 대동강과 보통강, 그리고 순화강, 합장강 등의 하천과 모란봉, 만수대, 장재대, 남산재, 해방산과 봉화산 등의 낮은 구릉지대를 중심으로 '자연지리적 조건'에 기초한 도시 녹지 체계를 구상하였다. 도시 주변의 자연녹지와 도시 중심부의 녹지를 하나로 연결하는 일종의 그린 네트워크(Green Network)를 만든 셈이다.

평양 시내에는 녹지 중 공원이나 유원지 외에도 농지의 비율이 높다. 이는 도시 안에 농지를 두어 녹지로 활용하는 한편, 도시와 농촌 간의 격차를 줄이고자 하는 의도다. 이러한 농지는 도시의 팽창을 억제하는 효과도 있다. 그러나 평양시의 외곽지대인 사동구역의 농업용지가 최근에 시가지로 바뀐 사례처럼 농지가 다른 용도로 전용(轉用)되거나 축소되는 경향이 점차 나타난다. 앞으로 평양의 인구가 증가하고 도시 개발이 본격화될 경우, 농지는 새로운 주거단지나 상업지역으로 바뀔 가능성이 충분하다.

최근에는 평양 시내의 빈터에 지피(地被)식물[1] 식재를 적극 권장하고 있다. 김정은은 "부침땅[2]을 제외한 모든 땅에 나무를 심거나 풀판을 조성하여 꽃과 지피식물을 심어 빈 땅이나 잡초가 무성한 곳이

---

1 지표를 낮게 덮는 식물을 통틀어 이르는 말. 숲에 있는 입목 이외의 모든 식물로 조릿대류, 잔디류, 클로버 따위의 초본이나 이끼류가 있다. 맨땅의 녹화나 정원의 바닥 풀로 심는다.

2 농사 짓는 땅(農土).

하나도 없게 하자는 것이 당의 의도입니다"라고 하였다. 지피식물로는 꽃패랭이, 비비추, 옥잠화, 맥문동, 왕꿰미풀류[3], 김의털류 등을 주로 식재하는데, 이 지피식물은 생태 환경 개선, 온·습도 조절, 공기 정화 기능, 토양 유실 방지 등 다양한 기능을 하면서 녹지 비율도 높이는 효과가 있다.

평양은 도심에 주택시설이 들어와 있어 직장과 주거 공간이 비교적 가까워 교통 체증이 없다. 또 2개의 지하철 노선과 전기버스(무궤도전차)를 대중교통수단으로 이용하며 승용차 이용이 적어 한적하다. 이는 승용차의 개인 소유가 제한되어 있기 때문이기도 하다. 도심 곳곳에 녹지가 있고 자동차로 인한 대기오염도 적어 대도시임에도 비교적 한가롭고 쾌적한 도시 풍경을 보여주는 곳이 바로 평양이다. 공원과 유원지가 주축인 평양의 녹지가, 평양이라는 대도시에서 푸른 섬 같은 역할을 하고 있다.

3 '왕포아풀(볏과의 여러해살이풀)'의 북한말.

중심과 주변

세계적인 대도시는 어디든 그 도시의 중심이 있다. 파리에서는 에펠(Eiffel)탑이, 런던에서는 타워 브리지(Tower Bridge)와 빅벤(Big Ben)이, 서울에서는 경복궁이 그 랜드마크 역할을 한다. 평양의 중심은 어디일까?

북한에서는 도시건설에서 '축(軸)'을 그 사회의 사상과 이념을 표현하는 주요 요소이자 개별적인 건물의 위치와 형태, 규모를 결정하는 가장 중요한 요소로 생각하고 있다. 평양의 도시 건설도 축을 중심으로 형성되었다.

평양이라는 도시에는 2개의 주요한 경관축이 있다. 하나는 만수대 대기념비와 당창건기념탑까지 연결되는 축이고, 다른 하나는 인민대학습장과 김일성광장을 거쳐 주체사상탑을 연결짓는 축이다.

높이 50~60m의 만수대 언덕에 거대한 김일성, 김정일 동상이 서 있는 만수대 대기념비는 북한 사람들에게는 매우 신성한 공간이다. 만수대는 과거에 '장대(將臺)고개', '장대현(將臺峴)', '장대재'라고도 불렀다고 한다. 만수대 주변에는 사회주의를 선전하고 김일성을 우상화하는 건축물과 시설물이 모여 있다. 그곳의 조선혁명박물관과 만수대 대기념비가 대동강을 가

평양의 주요 경관축.

인민대학습당에서 바라본 김일성광장. 인민대학습당과 김일성광장, 그리고 대동강 건너 주체사상탑이 하나의 축을 형성하고 있다.

로질러 당창건기념탑까지 연결되면서 하나의 축을 형성하고 있다.

또 이 축과 평행해 인민대학습당과 김일성광장, 그리고 대동강 건너의 주체사상탑이 또 다른 축을 형성하고 있다. 이들 축 선상의 건축물과 기념물들은 평양의 랜드마크이자 상징적 공간이다. 특히 인민대학습당의 동쪽 바로 앞에 위치한 김일성광장은 매년 열리는 군사열병식으로 세계의 이목이 집중되는 곳이기도 하다. 김일성은 평소 평양의 명당 핵심 자리가 바로 '인민대학습당 터'라고 했다고 한다.

도시의 주요 축에는 이처럼 사회주의와 주체사상을 선전하는 기념물과 전쟁 기념물, 그리고 김일성 우상화와 관련된 시설물이 있고 주변 건축물은 배경 역할을 하는 경우가 많다. 북한에서는 이를 중심 건물에 대한 '복종'이라고 말하며, 주변 건축물은 그 축이 뚜렷하게 보이도록 하는 역할이라고 한다. 평양의 가장 중심에 주체사상이나 김일성과 관계되는 대규모 시설물이 자리 잡고 있으며, 나머지의 모든 시설물과 건축물은 이를 보조하는 형국이다.

이처럼 도심 한가운데 주체사상과 관련된 기념물과 건축물, 그리고 박물관이나 미술관, 인민대학습당 등 각종 주요 시설과 건축물이 들어서 있는 평양은 상업지구와 업무지구가 도심 한복판을 차지하고 있는 서울과는 다른 모습이다. 도심의 중심부에 업무지구가 밀집해 야간과 주말에 도심 공동화현상을 빚는 서울과 달리 평양은 공원과 유원지, 극장 등이 도심 한가운데 자리 잡고 있어 정반대 현상을 보인다.

김일성광장, 주체사상탑, 개선문, 조선혁명박물관, 당창건기념탑 등이 중심이고 나머지 건축물과 시설물은 주변 배경이다. 인민을 위한 주거시설, 공원과 광장, 미술관과 박물관, 혁명사적지 등이 차례로 주체사상과 김일성을 떠받들고 있는 것이다. 기념비적인 시설물을 떠받치고 있는 주변 건축물의 대표 사례로 당창건기념탑 주변을 들 수 있다. 당창건기념탑 주변에는 유보도와 휴식 공간, 인공 연못 등을 조성하였는데, 이들 시설물들은 전부 당창건기념탑과 만수대 대기념비의 김일성동상이 만들어내는 축을 강조하는 데 그 의의가 있다. 따라서 대동강 건너의 김일성동상까지 탁 트인 축을 중심으로 중앙에 당창건기념탑이 자리 잡고 있으며 주변의 공동주택들은 당창건기념비의 배경 역할을 하고 있다.

특히 당창건기념비의 후면에 위치한 주택 건물은 당창건기념비를 중심으로 하여 양쪽으로 나아가면서 층고가 7층, 10층, 13층, 20층 등으로 점차 높아진다. '배경주택', 또는 '배경살림집'이라 이름 붙인 이 주택 건물 옥상에는 각각 '백전', '백승'이라는 붉은 간판이 걸려 있다. 이들 주변 주택 건물은 당창건기념비를 돋보이게 하는 '배

당창건기념탑 전경.

경' 역할이 가장 중요하다. 명칭 자체가 '배경주택'이니 그 의도가 분명해진다. 자본주의 사회나 동유럽 사회주의에서도 찾아볼 수 없는 북한 특유의 도심 건설 계획이라고 할 수 있다.

이와 같은 주종 관계는 식재 기법에서도 드러난다. 북한에서는 김일성 동상과 영생탑, 사적비 주변에는 이들 대상이 돋보이도록 전면부에는 잔디와 화초류를, 후면부에는 소나무, 잣나무, 측백나무, 느티나무, 은행나무 등을 식재하였다.

평양은 '사회주의 도시의 본보기'로서 도시 중앙에는 김일성광장이나 주체사상탑, 조선혁명박물관, 당창건기념탑 등과 같이 주체사상을 선전하고 김일성을 우상화하는 시설물을 세우고 그 주변에는 대부분 극장과 백화점, 공원과 유원지를 연결시켜 조성하였다.

북한에서 공원과 유원지가 인민을 위한 공간임에는 틀림없지만, 대부분 정치적으로 중요한 시설물과 건축물 주변에 위치해 있는 것이 결코 우연은 아닌 듯하다. 만수대 대기념비와 조선혁명박물관 주변에는 모란봉청년공원이 자리 잡고 있다. 김일성광장 주변에는 대동강유원지가 있고, 주체사상탑 주변에는 강안공원이 있다. 개선문 주변에는 개선청년공원이, 그리고 만경대혁명사적지 주변에는 만경대유희장과 물놀이장이 위치해 있다. 다시 말해 주체사상과 김일성 관련 시설물을 먼저 조성하고 그 주변에 인민들이 모일 수 있는 공원과 유원지, 그리고 극장이나 광장과 같은 여가 혹은 집회시설을 만든 것이다.

김일성광장과 대동강유원지, 개선문과 개선청년공원, 만수대 대기념비와 모란봉공원 등은 마치 중심과 주변, 또는 꽃잎과 꽃받침의 관계와도 같다. 정치적인 기념물 주변에 공원을 설치함으로써 많은 사람이 자연스레 모여들 수 있도록 조성하고, 그 장소는 개인의 여가 생활과 정치 집회, 사상 교육을 병행하도록 계획한 것이라 할 수 있다.

시민의 여가와 집회를 자연스럽게 정치적인 목적에 접목시키는 전략적 공간 배치라고 할 수 있다. 공원과 유원지의 '대중정치문화교양구역'이라는 공간이 그 사례이다.

공원과 유원지는 인민을 위한 공간으로 포장되지만, 사람들이 모일 수 있는 장소를 제공해 정치적 선전과 결속을 강화하는 공간으로 삼으려는 의도가 깔려 있다. 이것은 엄밀히 말해 북한의 정치 이념과 사상을 더욱 공고히 하는 데 공원도 일조하고 있는 것이라 할 수 있다. 결국 평양의 공원은 물리적으로는 도심의 중심에 위치해 있지만 그 성격과 역할은 주변 공간으로 보인다.

조선식 공원, 우리식 공원

도시의 모습에는 그 나라의 철학과 사상이 담겨 있기 마련이다. 각국의 대표 도시들은 오랜 기간 그 나라의 역사와 문화, 사상 등을 배경으로 모습을 갖추어 왔다. 공원과 정원으로 대표되는 조경 공간도 각 민족에 따라 다양한 양식을 지닌다. 서로 다른 풍토 위에, 저마다의 역사, 사상, 문화를 녹여 만든 공간이기에 나라마다 고유한 조경적 공간 양식이 나타나는 것이다.

북한은 1960년대 초반까지 공원을 조성할 때 특별한 양식을 표방하지 않았다. 그 이전에는 대규모 공원이나 유원지 건설이 많지 않았으며, 대개 소규모로 시설물을 배치하고 나무를 식재하는 정도였다. 북한에서 공원과 유원지를 조성하면서 '조선식' 또는 '우리식'을 강조한 것은 1970년대부터이다. 그 이전에 '서양식'에 대응하는 개념으로 '동방식' 공원이라는 표현을 사용하기도 했다. 그러다가 1970년대 후반부터 '조선식'이라는 용어가 본격적으로 등장하게 된다. 그 당시 북한에서는 건축물과 공원 조성 사업도 주체사상의 위업을 달성하는 여러 방안 중의 하나였다.

북한의 공원에 '조선식'이라는 용어가 등장한 것은 1976년 6월 김일성의 평안남도 안주시 칠성공원 방문이 그 계기였다. 그는 칠성공원을 둘러보고, "칠성공원을 잘 꾸렸습니다. 공원에 연못도 만들고 산도 만들고 길도 꼬불꼬불하게 내고 다리도 놓으니 예술미가 나고 아주 좋습니다. 공원을 이렇게 꾸리는 것이 조선식입니다"라고 말했다고 한다. 김일성은 우리 민족 정서에 맞게 우리나라 산천의 풍광을 재현하는 것이 조선식 공원 조성 방법이라고 생각하였다. 그 후 김정일도 이 점을 강조하여 공원 조성 시에는 '조선식'이라는 표현을 자주 사용하게 되었다.

북한에서는 공원의 양식을 크게 '동방식' 공원과 '서방식' 공원으로 나눈다. 동방식 공원은 '자연 풍치가 안겨오도록' 조성한 자연식 공원이고 서방식 공원은 기하학적 규칙성을 가진 인공식 공원으로 규정한다. 북한의 공원은 동방식 공원에 속하지만 민족 고유의 특징을 가진 '조선식' 공원이라 정의하면서 다음과 같은 특징을 열거하고 있다.

우선 자연 풍치를 적극 이용하고 모방하여 공원을 조성하는 것이다. 평양의 만경대와 개선청년공원, 동평양강안공원, 함경도 원산의 송도원유원지, 평남 안주의 칠성공원 등에서 볼 수 있는 것처럼 연못을 조성하고 수변을 자연스럽게 처리하며 연못 속에 정자를 세우고 다리를 놓거나 인공 폭포를 설치하는 것 등이 우리나라의 자연 풍광을 적극 살린 조선식 공원의 특징 중 하나라고 한다.

또 다른 특징으로는 공원 조성에 우리 민족의 고유한 문화와 정서를 반영한다는 점이다. 공원에 심는 나무의 종류과 그 방식이 대표적이다. 식재 수종은 예부터 자주 심어온 느티나무, 함박꽃나무, 은행나무, 버드나무, 살구나무, 복숭아나무, 단풍나무, 잣나무, 향나무 등 자생종이 중심이다.

식재 기법으로는 식물을 모아 심을 때 여러 종류의 나무를 함께 심지 않고 한 수종만을 군식하여 큰 면적으로 동일한 색상의 꽃들을 볼 수 있게 하는 것이다. 이것은 단색을 선호하는 우리 민족의 정서를 반영한 것이라고 한다.

그 외에도 정자 등과 같은 전통 건축물과 씨름터, 그네터, 널뛰기터 등 전통 놀이시설을 설치하고 자생 동식물을 볼 수 있는 동·식물원을 조성한 것 등이 조선식 공원의 특징이라고 설명한다.

이처럼 조선식 공원의 특징은 공원 속에 산과 물의 요소를 배치하는 것이 중요하다. 산수 풍치가 기본이라 할 수 있다. 산이 없으면 가산을 조성한다. 그 외 조선식 공원의 주요 요소 중 하나는 연못과 정자이다. 연못의 호안(湖岸)은 직선보다 곡선 형태로 조성하고 연꽃과 창포 등을 식재하여 자연스러운 수변 공간을 연출한다. 연못에는 정자를 세우고 흔히 다리를 설치하였는데, 간혹 무지개 형태의 홍예교도 볼 수 있다. 다리의 평면 형태가 직각으로 꺾이며 연결되는 다리 유형도 있는데, 이는 우리 전통 원림에서는 볼 수 없는 사례로 중국의 양식을 도입한 것이라 할 수 있다. 또 가산과 폭포도 조선식 공원의 주요 요소이다. 기암괴석과 인공 폭포 등을 설치하여 금강산의 풍경을 연

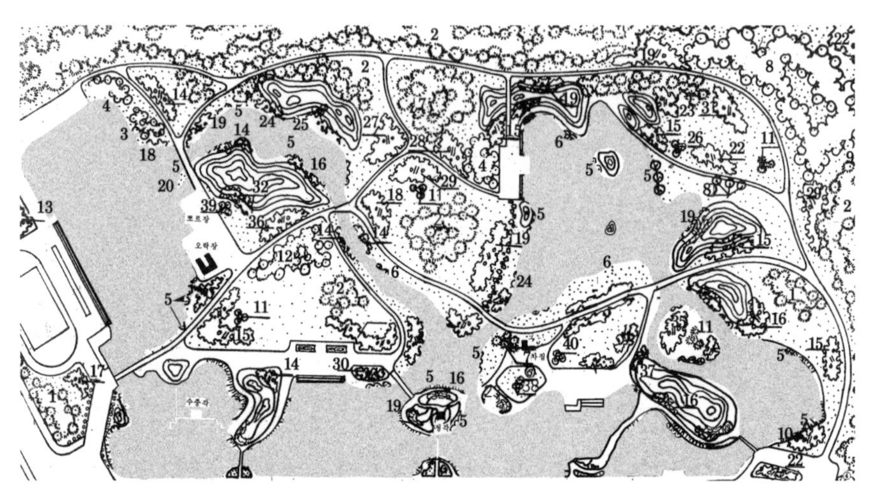

1수삼나무 2소나무 3산철쭉 4적단풍 5버드나무 6다박솔 7잣나무 8벚나무 9복숭아나무 10참대 11노가지나무
12배나무 13정향나무 14개나리 15넓은잎정향나무 16목단 17백리향 18야생국화 19진달래 20홍매 21국화 22춘백국
23목란 24붓꽃 25원추리 26조팝나무 27두봉화 28장미 29플록스 30해당화 31작약 32가시원추리 33향장미 34감국
35백미꽃 36명자나무 37줄장미 38병꽃나무 39고양나무 40사철나무

조선식 공원의 특징을 보여주는 원산 송도유원지의 백화원계획도와 식재 수종(《조선건축》(1990)).

상시키는 만수대분수공원도 우리 자연을 형상화한 조선식 공원의 하나라고 할 수 있다. 특히 인공 폭포는 다른 나라의 동방식 공원에서는 볼 수 없는 조선식 공원만의 특징이라 평가하고 있다.

조선식으로 꾸민 대표 사례로는 만경대유희장을 들 수 있다. 만경대유희장 한쪽에는 커다란 연못을 조성하고 주변에 가산을 꾸미고 홍예교를 설치하는 등 전통 원림의 요소를 두루 배치하였다. 최근 북한이 중국의 원예박람회에서 〈우리식 민족 건축과 공원 양식〉으로 작품을 출품하여 최우수상을 받았다고 자랑하고 있다. 2006년 4월 중국 선양(瀋陽)에서 개최된 세계원예박람회에서 전통적인 건축 양식으로 지은 건물과 각종 화관목과 교목(喬木)류[4]를 심고 분수와 가산을 설치한 '조선원'이라는 정원으로 종합최우수상을 받은 것이다.

평양의 모든 공원이나 유원지가 '조선식', 또는 '우리나라의 전통적인 정원 조성 방식'인 것은 아니다. 규모가 큰 공원이나 유원지의 일부 구역에 전통적인 요소, 예컨대 연못과 정자, 폭포와 무지개다리, 가산과 괴석 등을 배치하여 '조선식' 또는 '우리식'을 대변하는 것이다.

북한이 '조선식' 공원을 조성할 때, 연못 곡선형 호안으로 만들고, 수변에 정자를 두며, 가산을 쌓는 등 우리 자연 풍광을 재현하고 전통적 정원 조성 개념을 일부 도입하려고 한 것은 사실이다. 그렇지만 북한이 전통 원림이나 정원을 심도있게 연구하고 조사하여 '조선식' 공원의 원칙과 개념을 제시한 것은 아니다. 모든 것이 그렇듯이 김일성의 언급이 발단이 되어 몇 가지 요소를 공간에 도입하고 그것을 '조선식'으로 강조한 것이라 할 수 있다. 창덕궁 후원과 담양의 소

4 줄기가 곧고 굵으며 높이가 8미터를 넘는 나무. 수간(樹幹)과 가지의 구별이 뚜렷하고, 수간은 1개이며, 가지 밑부분까지의 수간 길이가 길다. 소나무, 은행나무, 느티나무, 향나무 따위가 있다.

쇄원, 보길도 윤선도 원림 같은 전통적인 원림이 남아있지 않아 그에 대한 조사와 연구가 부족할 수밖에 없는 상황 때문이기도 할 것이다. 게다가 조선시대의 유·무형 유산을 계급투쟁의 역사로 부정하기에 이들 유산에 대한 이해와 배려가 부족했던 것도 이유라고 할 수 있다.

북한의 조경 전문가인 평양 도시경영전문학교[5] 김선기 교수도 우리나라의 전통적인 정원을 대표하는 곳은 서울 경복궁과 창덕궁 후원이라고 밝히고 있다. 그는 「우리나라 민족 건축에서 후원의 특징에 대하여」라는 글에서 정원에서 후원(後苑)[6]이 기본이 되는 것은 다른 나라에는 없는 우리의 고유한 특징으로 경복궁과 창덕궁, 창경궁을 예로 들어 설명하고 있다.

한편 눈에 보이는 조경 요소와 형태를 강조한 '조선식' 공원이 있는가 하면 공원의 평면 구성에는 '우리식'이라는 표현을 사용하기도 한다. 이는 대상에 따라 평면 구성을 주종 관계로 배치하는 것을 말한다. 예를 들면 김일성동상 주변의 공원, 항일혁명열사동상 주변 공원, 기념탑 및 기념물 주변 공원처럼 동상과 기념물을 중심으로 삼고 나머지는 그 대상을 주위에 배치하는 것을 '우리식'이라고 한다.

결국, 북한이 도시공원을 설계하면서 '조선식'을 강조하게 된 이유는 '우리 것'이나 '전통'에 대한 애정도 있겠지만, 공원과 유원지 건설에서까지 '주체사상'을 강조하기 위한 의도라 할 수 있다. 그러나 평양의 공원에서 '조선식' 공간이 전통적인 원림의 원형(原形)은 아닐지라도 공원을 이용하는 평양 시민들에게 다양한 양식과 풍광을 제공한다는 점은 평가할 만하다.

---

5 2015년 북한의 교육 체계가 개편되면서 현재는 '평양도시경영대학'으로 교명이 바뀌었다. 실기 중심의 직업기술대학이다.

6 궁궐의 후면부에 있는 동산과 정원.

김정은 집권 후에는 공원을 조성할 때, '조선식', '우리식' 등의 개념을 강조하지 않고 있다. 공원 조성에서 '주체'의 색깔이 퇴색되었다고 할 수 있다. 그 대신 외국의 추세에 맞추어 첨단시설을 도입하는 등 새로운 방향으로 공원을 조성하는 경향이 눈에 띈다.

제6부

평양의 미래

‘공원 속의 도시’에서 ‘역사문화 공원도시’로

평양 도시 건설에 앞장섰던 김정희는 평양보다 서울이 우리 민족의 역사와 문화를 더욱 잘 보여주는 수도라 칭송하였다.

> 일본 사람들이 조선의 아름다운 민족적 건축을 파괴하기에 힘썼지만 서울이 가지고 있는 독특한 조선적인 모습을 전혀 쓸어 없앨 수는 없었으며, 서울은 아름다운 자연과 화려한 궁전들과 비원들로 더불어 조선의 도시로서 남아 있었다.
> 서울은 아름다운 그 주위 환경과 수백 년을 내려온 민족적인 전통을 기초로 하여 모든 외래 침략자들을 추방한 이후에 새로운 민주주의적 내용을 담은 조선의 민족적인 형식으로 되는 아름다운 우리나라의 수도로 될 것이다.
> 서경(西京) 혹은 류경(柳京)으로 불리워지는 평양은 그 규모로 보아서 조선에서 제2위로 가는 도시이다. 도시가 배치되어 있는 지대의 쉽지 않은 풍치로 말미암아 평양은 조선에서 가장 흥미있는 도시의 하나로 되었다(김정희, 『도시건설』, 1953).

이것은 서울의 아름다운 자연환경뿐 아니라 도성과 궁궐 등 주요 문화유산이 지금까지 잘 보존되고 있는 것에 대해 북한 건축가가 가진 부러움의 표현일 것이다.

어느 한 도시가 아름답게 보이는 것은 경관도 큰 몫을 하지만, 물리적인 공간 위에 수천 년간 중첩된 역사와 문화의 흔적 때문이다. 그런 면에서 보면 일제강점기와 한국전쟁을 거치면서 철저히 파괴되었던 평양보다 서울이 역사·문화적으로 풍요로운 도시임에 틀림없다.

한때 고구려의 수도였던 평양은 현재 '사회주의 이상도시'를 표방하고 있으며, 공원과 녹지를 내세워 '공원 속의 도시'라고 선전하고 있다. 공원과 유원지를 포함한 도심의 녹지가 도시 환경과 시민의 휴양에 중요한 역할을 하는 것은 틀림없지만, 외부인들에게 특별히 매력적인 장소가 되기가 쉽지 않다. 평양의 공원과 유원지는 평양 시민을 제외하고는 외국인들이나 관광객들이 일부러 찾아가는 곳은 아닐 것이다. 특히 북한 방문의 기회가 적은 외국인들이 시간을 내어 놀이시설을 이용하거나 휴식과 산책을 위해 공원을 찾기는 어렵다. 그렇기 때문에 평양의 공원과 유원지는 온전히 평양 시민을 위한 것이라 할 수 있다.

어느 한 도시를 탐방할 때 문화유적이 공원이나 유원지 인근에 있는 것은 큰 장점이 될 수 있다. 도시의 대표적인 문화유적이 빌딩 숲에 갇혀 있는 것보다는 공원과 녹지 공간 사이에 자리 잡고 있다면 유적을 보존하고 관리하는 차원에서뿐 아니라 관광객들에게도 여러모로 편리하고 쾌적할 것이다.

녹지와 공원이 풍부하다는 것을 선전하기 위해 발행한 평양 공원 안내 책자.

현재 평양의 공원과 유원지 주변에는 고구려시대의 문화유적이 많다. 예를 들면 대성산유원지 주변에는 대성산성과 안학궁터가 있고, 모란봉공원 주변에는 평양성, 을밀대, 최승대 등의 문화유적이 있다. 또 대동강유원지에는 대동문, 연광정, 부벽루 등이 함께한다. 과거의 평양팔경이 평양 공원의 원조라 해도 과언이 아니다. 이처럼 과거의 문화유적과 그 주변의 명승지는 평양 공원의 출발점이었기 때문에 유적과 명승지, 그리고 공원은 서로 밀접한 관련이 있다.

북한은 평양의 가치를 '현재'에만 초점을 맞춰 홍보하고 있다. '사회주의의 이상국가', '인민의 낙원' 등의 구호는 외부 사람들에게는 가슴에 와닿지 않는 공허한 울림이다. 평양이란 도시는 '현재' 못지않게 '과거'의 시점도 중요하다. 원래 한국전쟁 후 북한이 평양을 복구할 때 가장 우선시했던 기본 방침도 '평양의 역사적 도시 기본틀 유지'였다. 해방 후 김일성은 모란봉을 포함한 평양의 유적과 유물의 중요성을 인식하고 다음과 같이 강조하였다.

> "평양시 인민위원회에서는 모란봉의 력사 유적과 유물들을 잘 보존관리하기 위한 대책을 시급히 취해야 하겠습니다. …… 모란봉에 있는 력사 유적과 유물들은 예로부터 찬란한 문화를 꽃피워온 우리 선조들의 훌륭한 건축술과 높은 예술적 재능을 생동하게 보여주고 있으며, 거기에는 외세 침략자들을 반대하여 싸운 선조들의 애국정신이 깃들어 있습니다. 선조들이 창조한 문화 유적과 유물들은 귀중한 민족적 재보입니다. 그런 만큼 문화 유적과 유물들을 잘 보존 관리하는 것은 인민들에게 민족적 긍지와 자부심을 높여주며 그들을 애국주의 사상으로 고양하는데서 중요한 의의를 가집니다. ……" (김일성, 〈모란봉의 력사 유적과 유물 보존 사업을 잘할데 대하여〉, 1946).

남한에서는 찾아보기 어려운 고구려와 고려의 유적이 남아 있는 평양은 한반도 역사에서 매우 중요한 도시이다. 베일에 싸인 북한의 수도로서가 아니라 한반도 역사에서 중요한 위치를 차지한 도시로서 평양을 재조명할 필요가 있다. 이를 위해 과거 고구려 수도였던 위상과 역사 도시라는 가치 발굴이 필요하다. 아울러 평양과 인근의 유적지를 적극 복원·정비하여 대내외에 홍보하고, 외국인들에게도 평양의 문화유적과 공원 등 곳곳을 둘러볼 수 있도록 한다면 세계인의 많은 관심을 받게 될 터다. 앞으로 평양은 본격적인 개발이 시작될 것이다. 그러나 지나치게 상업적인 부분을 강조한 개발보다는 '고대 국가의 수도'로서의 역사적, 문화적 품격은 유지해야 한다고 본다.

평양의 중심부인 중구역과 모란봉구역, 그리고 대성구역 주변은 문화유적이 비교적 잘 보전되어 있으며, 공원과 인접해 있어 외국인들이 매력적으로 여길 만하다. 다른 구역들에 비해 개발이 덜 되어 자연환경이 잘 보존되어 있으며 경관도 수려하고 전망도 빼어난 모란봉, 부벽루, 최승대, 을밀대 주변과 보통강과 대동강, 그리고 대성산성 주변을 핵심지역으로 지정하여 우선적으로 재정비하고 관리할 필요가 있다. 때로는 현재의 구호와 외침보다 과거의 흔적과 기억이 더 큰 울림으로 다가올 수 있으니 말이다.

한때 한반도 고대사의 중심으로, 천하제일강산으로, 그리고 풍류의 도시로 이름을 떨치던 평양의 위상을 되살려야 한다. 연광정 주변에서 펼쳐진 연회와 같은 퍼포먼스와 배를 타고 대동강을 거슬러 오르며 평양을 둘러보던 조선시대의 평양 유람 코스가 부활한다면 평양의 새로운 매력으로 다가올 것이다.

과거의 문화유산과 현재의 자연환경을 도심의 주요 관광 요소로 끌어들이는 것이 중요하다. 고층 빌딩과 김일성광장에서의 군대 열병식을 자랑할 것이 아니라 평양 고유의 역사와 문화가 살아 숨쉬는 역사문화도시로 탈바꿈시키는 것을 생각해봄 직하다. 그리하여 과거와 현재가 공존하는 새로운 도시로 거듭나는 계기를 마련해야 할 것이다.

언젠가 통일이 되면 평양은 어느 도시보다 호기심을 자극하는 도시가 되기에 충분하다. 그것은 '사회주의 국가의 계획도시', 또는 그동안 '폐쇄된 도시'였기 때문이기도 하지만, '고구려와 고려의 문화유적이 남아있고 녹지가 풍부한 도시'로서의 가치와 매력 때문일 수도 있으리라.

평 양
ㄱ-2885120
지도출판사
주체101(2012)년
만경대고향집
만경대는 위대한 수령 김일성동지께서 탄생하
이곳에는 위대한 수령 김일성동지께서와 그이의
원상대로 보존되여있
평 원 군
순 안 구 역
대 동 군
형제산구역
만 경 대 구 역
락 랑 구 역
강 남 군
송 림 시
평양대극장
대동문영화관
만경대학생소년궁전
평양산원
대동문
을밀대
개선청년공원

금수산태양궁전

신 곳이다.
사적물들이

금수산태양궁전은 위대한 김일성동지와 김정일동지를 영생의 모습으로 길이 모시려는 조선로동당과 조선인민의 한결같은 념원에 의하여 꾸려진 주체의 최고성지이다.

당창건기념탑

조국통일3대헌장기념탑

옥류

릉라인민유원지 물놀이장

류경원과 인민야외빙상장

2012년 발행된 평양 안내 지도.

평양고려호텔

양각도국제호텔

참고문헌

국내 자료

단행본

- 강신용, 장윤화, 『한국 근대 도시공원사』, 대왕사, 2004.
- 헤르만 라우텐자흐, 『코레아(1)·(2)』, 김종규, 강경원, 손명철 옮김, 민음사, 1998.
- 필립 뭬제아 엮음, 『이제는 평양건축』, 윤정원 옮김, 담디, 2012.
- 생명의숲국민운동본부, 『조선의 임수(역주)』, 지오북, 2007.
- 신영석, 「평양시」, 『조선향토대백과』, 조선과학백과사전출판사, 한국평화문제연구소, 2003.
- 유홍준, 『나의 문화유산답사기(4): 평양의 날은 개었습니다』, 창비, 2011.
- 이상희, 『꽃으로 보는 한국문화(3)』, 넥서스북스, 2004.
- 임동우, 『평양 그리고 평양 이후』, 효형출판, 2011.
- 장경희, 『만수대창작사와 평양수예연구소를 찾아서』, 그라피카, 2006.
- 장명봉 엮음, 『2018 최신 북한법령집』, 북한법연구회, 2018.
- 조용호 옮김, 『19세기 선비의 의주, 금강산 기행』, 삼우반, 2005.
- 한재락, 『녹파잡기』, 안대회 옮김, 휴머니스트, 2017.
- 홍석모, 『동국세시기』, 장유승 옮김, 아카넷, 2016.

논문

- 고예강, 「서울과 평양의 도시 오픈 스페이스 비교에 관한 연구: 통일 시대의 지속 가능한 도시를 향하여」, 경희대학교 석사학위 논문, 2007.
- 권기철, 「북한의 산림현황과 복구를 위한 우리의 준비」, 《산림》, 제578호, 2014.
- 김동찬, 김광래, 안봉원, 서주환, 김신원, 「북한의 공원 및 유원지 형성에 관한 연구」, 《한국조경학회지》, 23권 2호, 1995, 29~43쪽.
- 김신원, 「북한의 국토 및 지역 개발에 의한 조경 공간 형성에 관한 연구」, 경희대학교 박사학위 논문, 1996.
- 김종진, 「평양의 문화도상학과 기행가사」, 《어문연구》, 40권 1호, 2012.
- 남려영, 「북경 서울 도쿄 평양 관광이미지 비교분석 연구: 중국 칭다오 시민을 대상으로」, 동국대학교 석사학위 논문, 2012.
- 박율진, 「최근 통계현황으로 본 도시공원녹지 변천 특성: 서울시를 중심으로」, 《한국산림휴양학회지》, 14권 1호, 2010, 7~16쪽.
- 이군선, 「洪敬謨가 본 古都 平壤과 그 遺蹟」, 《동양한문학연구》, 34권 39호, 2014.

잡지 및 신문 기사

- 〈一大公園計劃〉,《동아일보》, 1921년 8월 25일.
- 〈平壤古蹟 公園〉,《동아일보》, 1921년 9월 14일.
- 〈平壤, 妓生의 平壤 · 牧師의 平壤〉,《별건곤》, 제15호, 1928년 8월 1일.
- 〈全朝鮮文士公薦 新選 〈半島八景〉 發表, 그 趣旨와 本社의 計劃〉,《삼천리》, 제1호, 1929.
- 〈牧丹臺入口에 家屋建築不許〉,《동아일보》, 1935년 6월 17일.
- 양주동, 〈紀行 大同江, 初夏의 浿江을 禮讚하며〉,《삼천리》, 12권 5호, 1940.
- 〈5월 1일 경기장 준공식〉,《경향신문》, 1989년 5월 6일.
- 〈보도자료: 분단 60년, 남 · 북한 도시 · 녹지지역 어떻게 변하였나?〉, 환경부, 2009.
- 〈北 김정일, 평양 놀이공원 방문. 외교라인 대동〉,《연합뉴스》, 2010년 4월 23일.
- 〈북한의 만경대 놀이공원 체험기〉,《세계일보》, 2011년 10월 30일.
- 〈北 "사회주의 선경 만들자"…산림녹화에 총력〉,《연합뉴스》, 2012년 3월 5일.
- 〈김정은, 만경대유희장 관리부실 공개질타〉,《연합뉴스》, 2012년 5월 9일.
- 〈모란봉서 '평양 노래자랑'〉,《매일경제》, 2003년 8월 12일.
- 〈로드먼 방북, 재미교포가 알선-동행했다〉,《동아일보》, 2013년 3월 13일.

북한 자료

단행본

- 강철, 「도시산림의 생태효과와 가치」, 『외국과학기술통보: 국토』, 중앙과학기술통보사, 2008, 2~3쪽.
- 강근조, 리경혜, 『평양의 어제와 오늘』, 사회과학출판사, 1986.
- 김룡담, 「도시원림의 생물다양성 보호」, 『외국과학기술통보: 국토』, 중앙과학기술통보사, 2008, 3~4쪽.
- 김일성, 『김일성저작집(12)』, 조선로동당출판사, 1981.
- 김일성, 「도시경영사업을 개선 강화할데 대하여(1962년 9월 5일)」, 『김일성 저작집(16)』, 조선로동당출판사, 1982.
- 김일성, 「모란봉의 력사 유적과 유물 보존 사업을 잘할데 대하여-평양시 인민위원회 책임일군들에게 준 지시(1946년 9월 8일)」, 『자연보호사업을 강화할데 대하여』, 조선로동당출판사, 1993.
- 김일성, 「전후 평양시 복구건설 총계획도를 작성할데 대하여(1951년 1월 21일)」, 『김일성 전집(13)』, 조선로동당출판사, 1995.
- 김일성, 「대성산을 인민의 유원지로 더 잘 꾸리자(1989년 8월 31일)」, 『김일성 전집(88)』, 조선로동당출판사, 2010.
- 김정일, 『건축예술론』, 조선로동당출판사, 1992.

- 김정희, 『도시건설』, 조선민주주의인민공화국과학원, 1953.
- 김지현, 김승룡, 김창덕, 류화춘, 『국어(1)』, 인민학교 제1학년용, 교육출판사, 1988.
- 량만길, 『평양건설전사(2)』, 과학백과사전종합출판사, 1997.
- 리화선, 『조선건축사(2)』, 과학백과사전종합출판사, 1989.
- 방린봉, 조창선, 박명훈, 리정희, 백운혁, 리성환, 박인직, 「조선지명편람(평양시)」, 『조선어학 전서(54)』, 사회과학출판사, 2001.
- 『조선대백과사전(8)』, 백과사전출판사, 1999.
- 『광명백과사전(17)』, 백과사전출판사, 2011.
- 임록재, 리용석, 『전국 록화의 위대한 구상』, 과학백과사전출판사, 1977.
- 『조선의 민속전통』 편찬위원회, 『조선의 민속전통(1): 식생활 풍습』, 과학백과사전종합출판사, 1994.
- 조정순 외, 『조선지리전서(평양시)』, 교육도서출판사, 1990.
- 평양향토사 편집위원회, 『평양지』, 평양시 국립출판사, 1957.
- 한번조, 「공원의 도시 평양」, 조선화보사, 2002.

《조선건축》 기사

- 고철, 〈조선식 공원의 몇가지 특성〉, 《조선건축》, 제1호, 1990, 83~84쪽.
- 고철, 〈우리나라의 공원 발전에 대한 고찰〉, 《조선건축》, 제14호, 1991, 55~56쪽.
- 고철, 김성호, 〈도시의 수림화, 원림화를 실현하기 위한 몇가지 방도〉, 《조선건축》, 제48호, 2004, 33~34쪽.
- 고철, 리달순, 〈조선식 공원에서 건축물과 시설물의 배치와 원림 조성〉, 《조선건축》, 제66호, 2009, 34쪽.
- 김선기, 리문섭, 〈우리나라 민족 건축에서 후원의 특징에 대하여〉, 《조선건축》, 1997, 62~64쪽.
- 김영순, 지정숙, 〈평양의 절경-릉라도 유원지의 원림 형성〉, 《조선건축》, 제23호, 1993, 32~33쪽.
- 김정혜, 〈〈4월 15일 소년백화원〉의 형성에 대하여〉, 《조선건축》, 제13호, 1990, 71~74쪽.
- 김철성, 김영진, 〈풍치수려한 대동강반의 로라스케이트장〉, 《조선건축》, 제85호, 2013, 8~9쪽.
- 김현철, 〈자연을 잘 이용할데 대한 도시형성상 요구의 훌륭한 해결〉, 《조선건축》, 제57호, 2006, 44~48쪽.
- 리영성, 〈생태건축에서 지붕장식록화 설계방법〉, 《조선건축》, 제77호, 2011, 6쪽.
- 리영성, 〈건축물의 수직록화장식방법 몇가지〉, 《조선건축》, 제78호, 2012, 51쪽.
- 리예건, 〈평양민속공원 고구려성문의 건축 형식〉, 《조선건축》, 제75호, 2011, 7쪽.
- 리진우, 〈원림대상에 따른 수종결정〉, 《조선건축》, 제65호, 2008, 39~40쪽.
- 리철헌, 〈우리식 공원의 평면구성체계〉, 《조선건축》, 1995, 41~43쪽.
- 리혁, 〈원림 수목의 잎면적지수 결정법〉, 《조선건축》, 제99호, 2016.

- 림지순, 〈개선청년공원〉, 《조선건축》, 제16호, 1991, 60~67쪽.
- 박창식, 김태렬, 〈평양민속공원 건축계획(형성 시안)〉, 《조선건축》, 제78호, 2012, 44쪽.
- 박창식, 〈평양민속공원 총계획 설계의 기본 특징〉, 《조선건축》, 제82호, 2013, 10쪽.
- 박창식, 〈평양민속공원 생태 경관 설계〉, 《조선건축》, 제84호, 2013, 12쪽.
- 손경애, 〈평양민속공원 원림총계획의 몇가지 특징〉, 《조선건축》, 제77호, 2011, 46쪽.
- 우만금, 〈2006년 중국 심양세계원예박람회에서 종합최우수상을 수여 받은 〈조선원〉〉, 《조선건축》, 제59호, 2007, 30~32쪽.
- 전만길, 〈평양 경치의 심장부〉, 《조선건축》, 1996, 17~20쪽.
- 조경수, 〈평양민속공원의 고구려구획 건축형성시안〉, 《조선건축》, 제77호, 2011, 44쪽.
- 최웅술, 〈분수의 조형적 해결에서 새로운 경지를 개척한 본보기-평양시안의 분수해결을 놓고-〉, 《조선건축》, 제56호, 2006, 43~47쪽.

《로동신문》 기사

- 〈위대한 수령 김일성동지께서 평양 대성산유원지에 새로 건설된 유희장을 돌아보시였다〉, 《로동신문》, 1977년 10월 10일.
- 〈당의 은혜로운 사랑 속에 새로 꾸며진 개선청년공원〉, 《로동신문》, 1984년 7월 7일.
- 〈영광의 자욱을 따라 기쁨 넘치는 하나의 공원에도〉, 《로동신문》, 1985년 6월 27일.
- 〈개선청년공원에 깃든 이야기〉, 《로동신문》, 1992년 8월 31일.
- 〈보통강반에 새로 꾸려지는 유원지〉, 《로동신문》, 2008년 10월 24일.
- 〈대성산지구에 민속공원이 건설된다.-현지에서 착공식 진행〉, 《로동신문》, 2009년 4월 29일.
- 〈평양민속공원건설 적극 추진〉, 《로동신문》, 2009년 5월 31일.
- 〈시대의 기념비적 창조물로 일떠서는 평양민속공원〉, 《로동신문》, 2009년 8월 9일.
- 〈평양민속공원 대상 설계 완성〉, 《로동신문》, 2009년 8월 16일.
- 〈평양민속공원건설 적극 추진〉, 《로동신문》, 2011년 11월 29일.
- 〈우리 당과 국가, 군대의 최고령도자 김정은동지께서 만경대유희장을 돌아보시였다〉, 《로동신문》, 2012년 5월 10일.
- 〈경애하는 김정은 동지께서 개선청년공원유희장을 돌아보시였다〉, 《로동신문》, 2012년 5월 26일.
- 〈경애하는 김정은 원수님께서 준공을 앞 둔 평양민속공원을 돌아보시였다〉, 《로동신문》, 2012년 9월 8일.
- 〈경애하는 김정은 원수님께서 선군시대의 요구에 맞게 훌륭히 개건 보수된 만경대유희장과 대성산유희장을 돌아 보시였다〉, 《로동신문》, 2012년 10월 7일.
- 〈우리 당의 인민사랑에 의하여 희한하게 변모된 만경대유희장〉, 《로동신문》,

2012년 10월 11일.
- 〈어디가나 웃음과 기쁨〉, 《로동신문》, 2012년 10월 15일.
- 〈당의 은정속에 새 세기의 요구에 맞게 훌륭히 전변된 대성산유희장〉, 《로동신문》, 2012년 10월 15일.
- 〈군민의 단합된 힘에 의해 평양시 공원들이 훌륭히 꾸려진다〉, 《로동신문》, 2012년 10월 31일.
- 〈지피식물을 대대적으로 심자〉, 《로동신문》, 2013년 4월 27일.
- 〈인민의 기쁨 넘치는 개선청년공원 유희장〉, 《로동신문》, 2013년 9월 4일.
- 〈대동강유보도 개작 3단계 공사 적극 추진〉, 《로동신문》, 2017년 5월 14일.
- 〈식수절을 맞으며 온 나라가 나무심기에 떨쳐나섰다〉, 《로동신문》, 2018년 3월 2일.
- 〈공화국 력사에 뚜렷한 자욱을 남긴 지식인들-재능있는 식물학자 임록재〉, 《로동신문》, 2018년 3월 11일.

기타 잡지 및 신문 기사

- 오기성, 〈무엇이든지 물어보세요: 조선식 공원의 특징에 대하여〉, 《천리마》, 제10호, 2007.
- 〈평양민속공원, 즐거운 력사탐방, 〈하루로썬 모자라〉〉, 《조선신보》, 2012년 10월 12일.
- 〈법규해설-원림관리 규정에 대하여〉, 《민주조선》, 2004년 12월 15일.

조선민주주의인민공화국 공원, 유원지관리법

주체102(2013)년 5월 29일 최고인민회의 상임위원회 정령 제3191호로 채택
주체103(2014)년 3월 5일 최고인민회의 상임위원회 정령 제3601호로 수정보충

제1장 공원, 유원지관리법의 기본

제1조(공원, 유원지관리법의 사명)

조선민주주의인민공화국 공원, 유원지관리법은 공원, 유원지의 건설과 관리운영, 리용에서 제도와 질서를 엄격히 세워 인민들의 문화정서생활조건을 원만히 보장하여주는데 이바지한다.

제2조(공원, 유원지의 정의와 분류)

이 법에서 공원, 유원지는 인민들의 문화생활과 휴식, 교양을 위하여 꾸려진 문화정서생활장소이며 휴식터이다.

공원에는 그 사명과 규모, 리용범위에 따라 구역공원, 구획공원, 종합공원, 유희공원, 아동공원, 청년공원, 민속공원, 분수공원, 화초공원, 해안공원, 기념공원, 조각공원, 체육공원같은 것이 속하며 유원지에는 그 위치와 지대적특성에 따라 도시안에 있는 유원지, 사적지, 명승지를 기본으로 꾸린 유원지와 자연풍치를 기본으로 꾸린 유원지같은 것이 속한다.

제3조(공원, 유원지의 건설원칙)

공원, 유원지건설은 날로 늘어나는 공원, 유원지에 대한 수요를 원만히 보장하기 위한 중요한 사업이다.

국가는 도시와 마을, 풍치좋은 지역에 공원, 유원지를 더 많이 질적으로 건설하며 인민들의 지향과 요구에 맞게 현재적으로 개건하도록 한다.

제4조(공원, 유원지의 관리운영원칙)

공원, 유원지관리운영을 잘하는 것은 인민들의 문화정서생활조건을 원만히 보장하는데서 나서는 기본요구이다.

국가는 공원, 유원지관리체계를 바로세우고 그 운영을 정상화하여 인민들이 공원, 유원지에서 문화정서생활을 마음껏 즐기도록 한다.

제5조(공원, 유원지의 리용질서준수원칙)

공원, 유원지는 나라와 인민의 귀중한 대부이다.

국가는 전체 인민이 공원, 유원지를 아끼고 주인답게 관리하며 그 리용에서 제정된 질서를 자각적으로 지키도록 한다.

제6조(국가적투자를 늘이는 원칙)

국가는 공원, 유원지에 대한 인민들의 수요가 높아지는데 맞게 공원과 유원지를 더 훌륭하고 현대적으로 꾸리도록 투자를 계통적으로 늘인다.

제7조(국제적인 교류와 협조)

국가는 공원, 유원지의 건설과 관리운영분야에서 다른 나라, 국제기구들과의 교류와 협조를 발전시키도록 한다.

제8조(해당 법규의 적용)

공원, 유원지의 건설과 관리운영, 리용과 관련하여 이 법에서 규제하지 않은 사항은 해당 법규에 따른다.

제2장 공원, 유원지의 건설

제9조(건설계획)

공원, 유원지건설계획의 작성은 공원, 유원지건설의 선행공정이다.

국가계획기관과 중앙도시경영지도기관, 해당 기관은 인민들의 늘어나는 수요에 맞게 공원, 유원지건설계획을 작성하여야 한다.

제10조(건설위치선정)

중앙도시경영지도기관과 해당 기관은 공원, 유원지의 건설계획작성에 앞서 해당 지역에 대한 조사를 구체적으로 진행하고 그에 기초하여 건설위치를 선정하여야 한다. 이 경우 해당 지역의 인구수와 능력, 자연풍치와 환경 같은 것을 고려하여야 한다.

제11조(건설설계)

공원, 유원지건설설계는 국토건설계획과 도시 및 마을건설총계획에 기초하여 원림설계기관 또는 해당 설계기관이 한다.

공원, 유원지건설설계에는 공원, 유원지의 사명과 규모에 따르는 필요한 내용들이 구체적으로 반영되어야 한다.

해당 설계기관은 작성한 설계에 대하여 공원, 유원지관리운영기관과 합의하고 대상에 따라 중앙설계지도기관 또는 해당 기관의 심의를 받아야 한다.

제12조(건설기관)

공원, 유원지의 건설은 공원, 유원지건설기관, 기업소가 한다.

경우에 따라 다른 건설기관, 기업소도 공원, 유원지의 건설을 할수 있다.

제13조(설계의 요구와 건설물의 질보장)

공원, 유원지를 건설하는 기관, 기업소는 건설에서 설계의 요구를 엄격히 지키며 그 질을 보장하여야 한다.

공원, 유원지를 건설한 기관, 기업소는 정해진 기간까지 건설물의 질에 대하여 보증하여야 한다.

제14조(준공검사)

공원, 유원지를 건설하는 기관, 기업소는 건설이 끝나면 준공검사를 받아야 한다.

준공검사기관은 공원, 유원지가 설계와 기술규정의 요구대로 건설되였는가를 엄격히 검사하여야 한다.

제15조(건설한 공원, 유원지의 인계인수)

건설한 공원, 유원지는 준공검사에서 합격되였을 경우에만 해당 기관, 기업소에 넘겨줄수 있다.

준공검사를 받지 않았거나 준공검사에서 합격되지 못한 공원, 유원지는 넘겨주거나 넘겨받을수 없다.

제16조(건설에서 자연풍치의 손상금지)

해당 기관, 기업소, 단체는 공원, 유원지를 건설하는 과정에 자연풍치에 손상을 주지 말아야 한다.

자연풍치에 손상을 주었을 경우에는 원상복구하거나 원상복구에 해당한 조치를 취하여야 한다.

제3장 공원, 유원지의 관리운영

제17조(관리운영체계의 수립)

공원, 유원지관리운영체계를 바로세우는 것은 공원, 유원지를 원상대로 유지관리하고 정상운영하기 위한 기본담보이다.

중앙도시경영지도기관과 해당 기관은 공원, 유원지관리운영체계를 바로세우고 정상적으로 관리운영하여야 한다.

제18조(관리운영기관)

공원, 유원지의 관리운영은 그 관리운영을 분담받은 기관, 기업소가 한다.

공원, 유원지관리운영기관, 기업소는 공원, 유원지를 정상운영, 정상보수, 정상관리하여야 한다.

제19조(공원, 유원지의 등록과 이관, 폐기)

공원, 유원지관리운영기관, 기업소는 공원, 유원지와 그 관리구역안의 건물, 시설물, 설비, 기재, 동식물같은 재산을 빠짐없이 등록하여야 한다.

승인없이 공원, 유원지와 그 관리구역안의 재산을 이관하거나 폐기할수 없다.

제20조(관리분담과 고정담당관리제의 실시)

공원, 유원지관리운영기관, 기업소는 관리인원과 정량에 따라 공원, 유원지의 관리분담을 정확히 하여야 한다.

분담된 구간에 대한 고정담당관리제를 실시할수도 있다.

제21조(시설물의 관리)

공원, 유원지관리운영기관, 기업소는 휴식시설, 운동시설, 유희 및 오락시설, 물놀이시설, 조명시설, 도로시설, 안전보호시설, 급수 및 배수시설, 소방시설, 오물처리시설 같은 공원, 유원지안의 시설물관리를 정해진대로 하며 시설물이 부족하거나 고장, 파손되였을 경우에는 제대에 설치, 수리, 교체하여야 한다. (2014년 3월 5일 수정보충)

{2013년 구법 제21조 공원, 유원지관리운영기관, 기업소는 휴식시설, 운동시설, 유희 및 오락시설, 물놀이시설, 조명시설, 도로시설, 안전보호시설, 급수 및 배수시설, 소방시설, 오물처리시설 같은 공원, 유원지안의 시설물관리를 잘 하여야 한다.

시설물이 부족하거나 고장, 파손되였을 경우에는 제때에 설치, 수리, 교체하여야 한다.}

운동시설과 유희 및 오락시설, 물놀이시설은 안전성이 철저히 담보된 조건에서 운

영하여야 한다. (2014년 3월 5일 신설)

제22조(원림조성과 관리)

공원, 유원지관리운영기관, 기업소는 수종이 좋은 나무와 꽃, 지피식물을 더 많이 심고 잘 가꾸어 공원, 유원지를 더욱 아름답게 꾸려야 한다.

제23조(공동위생실의 설치 및 관리)

공원, 유원지관리운영기관, 기업소는 필요한 장소에 공동위생실을 위생문화적으로 설치하고 리용자들이 편리하게 리용하도록 하여야 한다.

공동위생실은 항상 깨끗한 상태로 유지관리하여야 한다.

제24조(오물통의 설치 및 리용)

공원, 유원지관리운영기관, 기업소는 리용자들이 편리하게 공원, 유원지의 곳곳에 오물통을 갖추어놓아야 한다.

공민은 오물을 반드시 오물통에 버려야 한다.

제25조(공원, 유원지의 보수)

공원, 유원지의 보수는 대보수, 중보수, 소보수로 나누어 한다.

대보수와 중보수는 담당한 기관, 기업소가 하며, 소보수는 공원, 유원지관리운영기관, 기업소가 자체로 한다.

필요에 따라 공원, 유원지의 보수를 다른 기관, 기업소, 단체에 분담하여 할수도 있다.

제26조(공원, 유원지의 개건)

공원, 유원지관리운영기관, 기업소는 낡고 뒤떨어진 공원, 유원지를 현대적으로 개건하여야 한다.

공원, 유원지의 개건은 승인된 개건설계에 따라 한다.

제27조(자연피해방지대책)

공원, 유원지관리운영기관, 기업소는 무더기비, 사태, 산불에 의한 자연피해로부터 공원, 유원지를 보호할수 있게 해당한 대책을 세워야 한다.

제28조(공원, 유원지에서의 공사)

공원, 유원지에서 공사를 진행하거나 작업을 하려는 기관, 기업소, 단체는 공원, 유원지관리운영기관의 승인을 받아야 한다.

공사나 작업이 끝난 다음에는 작업장과 그 주변을 원상대로 정리하여야 한다.

제29조(공원, 유원지의 운영)

공원, 유원지관리운영기관, 기업소는 공원, 유원지의 운영을 정상화하여 인민들의 문화정서생활과 휴식조건을 원만히 보장하여야 한다.

공원, 유원지의 운영시간과 운영을 하지 않는 날은 인민들의 편리를 보장할수 있게 정하여야 한다.

제30조(공원, 유원지에서의 봉사활동)

공원, 유원지관리운영기관과 해당 기관, 기업소, 단체는 정해진데 따라 공원, 유원지에서 여러 가지 봉사활동을 할수 있다.

공원, 유원지관리운영기관, 기업소가 아닌 기관, 기업소, 단체가 공원, 유원지에서 봉사활동을 하려 할 경우에는 공원, 유원지관리운영기관의 승인을 받아야 한다.

제31조(운영수입금의 리용)

공원, 유원지의 운영을 통하여 이루어진 수입금은 공원, 유원지의 정상유지관리에 쓴다.

해당 기관, 기업소는 공원, 유원지운영수입금의 리용에서 정해진 질서를 지켜야 한다.

제4장 공원, 유원지의 리용

제32조(공원, 유원지리용질서의 준수)

공원, 유원지의 리용을 바로하는 것은 공원, 유원지를 원상대로 유지관리하는데서 나서는 중요요구이다.

기관, 기업소, 단체와 공민은 공원, 유원지의 리용에서 정해진 질서를 자각적으로 철저히 지켜야 한다.

제33조(휴식시설의 리용)

공원, 유원지에서 기관, 기업소, 단체와 공민은 정해진 장소에서만 휴식하며 휴식시설의 리용을 바로 하여야 한다.

휴식시설을 손상시키거나 못쓰게 만드는 행위를 하지 말아야 한다.

제34조(운동시설, 유희 및 오락시설, 물놀이시설의 리용) 〈2014년 3월 5일 수정보충〉

기관, 기업소, 단체와 공민은 운동시설, 유희 및 오락시설, 물놀이시설을 정해진 질서대로 리용하여야 한다.

공원, 유원지관리운영기관, 기업소는 운동시설, 유희 및 오락시설, 물놀이시설의 리용과 관련한 질서를 바로 정하고 게시하며 공민이 해당 시설을 리용할 수 있는 기준에 맞는 경우에만 그것을 리용하도록 하여야 한다.

시설리용에 필요한 기재는 공원, 유원지관리운영기관, 기업소에서 봉사해주거나 리용자들이 자체로 가지고 와서 리용할수 있다.

{2013년 구법 제34조(운동시설의 리용) 기관, 기업소, 단체와 공민은 공원, 유원지의 운동시설을 정해진 질서대로 리용하여야 한다.

공원, 유원지관리운영기관, 기업소는 리용자들의 운동에 필요한 기재를 갖추고 봉사를 하여야 한다.

운동기재는 리용자들이 자체로 가지고와서 리용할수도 있다.}

{2013년 구법 제35조(유희 및 오락시설의 리용) 기관, 기업소, 단체와 공민은 공원, 유원지에서 유희 및 오락시설을 마음대로 선택하여 리용할수 있다.

어린이용으로 정해진 유희 및 오락시설은 어린이들만 리용한다.}

제35조(의료대책) 〈2014년 3월 5일 신설〉

보건지도기관은 공민이 운동시설이나 유희 및 오락시설, 물놀이시설을 리용하는 과정에 부상을 입거나 기타 사고가 발생하는 경우 제때에 구급의료대책을 세울수 있도록 정해진 장소에 의료시설을 갖추고 치료인원과 설비, 의약품 같은 것을 원만히 보장하여야 한다.

의료조건을 갖추지 않고 해당 운동시설과 유희 및 오락시설, 물놀이시설을 운영할 수 없다.

제36조(기관, 기업소, 단체의 공원, 유원지리용)

기관, 기업소, 단체는 집체적으로 공원, 유원지를 리용할수 있다. 이 경우 공원, 유원지관리운영기관, 기업소와 미리 련계하여야 한다.

공원, 유원지를 리용한 후에는 그 장소를 원상대로 정리하여야 한다.

제37조(입장 및 시설리용료금)

공원, 유원지를 리용하는 기관, 기업소, 단체와 공민은 정해진 입장 및 시설리용료금을 내야 한다.

입장 및 시설리용료금은 해당 가격제정기관이 정한다.

제38조(자연환경의 파괴금지)

기관, 기업소, 단체와 공민은 공원, 유원지를 리용하면서 자연환경을 파괴하지 말아야 한다.

제5장 공원, 유원지관리사업에 대한 지도통제

제39조(공원, 유원지관리사업에 대한 지도통제의 기본요구)

공원, 유원지관리사업에 대한 지도와 통제를 강화하는 것은 국가의 공원, 유원지관리정책을 정확히 집행하기 위한 중요방도이다.

국가는 공원, 유원지관리사업에 대한 지도체계를 바로세우고 통제를 강화하도록 한다.

제40조(지도기관)

공원, 유원지관리사업에 대한 지도는 내각의 통일적인 지도밑에 중앙도시경영지도기관과 해당 기관이 한다.

중앙도시경영지도기관과 해당 기관은 공원, 유원지관리사업에 대하여 정상적으로 장악하고 지도하여야 한다.

제41조(로력보장)

중앙로동행정지도기관과 해당 기관은 공원, 유원지관리운영기관, 기업소의 기구와 정원수를 바로 정하고 정해진 로력을 제때에 보장하여야 한다.

공원, 유원지관리운영로력은 다른데 돌려쓸수 없다.

제42조(설비, 자재, 자금, 전력의 보장)

국가계획기관과 자재공급기관, 재정은행기관, 전력공급기관, 해당 기관은 공원, 유원지건설과 관리운영, 리용에 지장이 없도록 필요한 설비와 자재, 자금, 전력을 보장하여야 한다.

제43조(교양사업)

교육기관과 출판보도기관, 해당 기관, 기업소, 단체는 인민들과 청소년학생들속에서 공원, 유원지를 아끼고 사랑하며 주인답게 관리하고 리용하도록 하기 위한 교양사업을 여러 가지 형식과 방법으로 실속있게 진행하여야 한다.

제44조(금지사항)

공원, 유원지에서는 다음과 같은 행위를 할수 없다.

1. 륜전기재[1]의 통행이나 주차, 청소가 금지된 곳에서 륜전기재를 몰고 다니거나 주차하거나 청소하는 행위
2. 정해진 장소가 아닌데서 불을 피우거나 식사를 하거나 운동 및 오락, 휴식을 하는 행위
3. 봉사활동을 하면서 주변을 어지럽히는 행위
4. 시설물을 옮기거나 가져가거나 파손시키는 행위
5. 휴지와 담배꽁초와 같은 오물을 망탕 버리거나 아무데나 침을 뱉거나 대소변을 보는 행위
6. 록지와 꽃밭으로 다니거나 나무와 꽃을 꺾거나 또는 나무와 지피식물을 떠가는 행위
7. 나무열매를 따거나 약초를 캐는 행위
8. 관상용동물에 피해를 주는 행위
9. 집짐승을 방목하는 행위
10. 이밖에 금지된 행위

제45조(감독통제)

공원, 유원지관리사업에 대한 감독통제는 해당 감독통제기관이 한다.

해당 감독통제기관은 공원, 유원지건설과 관리운영, 리용정형을 정상적으로 감독통제하여야 한다.

제46조(원상복구, 손해보상)

공원, 유원지의 시설물과 운동기대를 파손시켰거나 분실하였을 경우에는 원상복구시키거나 해당한 손해를 보상시킨다.

제47조(행정적책임)

다음의 경우에는 기관, 기업소, 단체의 책임있는 일군과 개별적공민에게 해당한 행정처벌을 준다.

1. 공원, 유원지관리사업에 대한 장악지도를 바로하지 않아 공원, 유원지의 관리운영에 지장을 주었을 경우
2. 정해진 로력을 제때에 보장하지 않았거나 공원, 유원지관리운영부문의 로력을 다른데 돌려쓴 것으로 하여 공원, 유원지의 관리운영에 지장을 주었을 경우
3. 설비, 자재, 자금, 전력 같은 조건보장을 바로하지 않아 공원, 유원지의 관리운영에 지장을 주었을 경우
4. 공원, 유원지건설질서를 어겼을 경우
5. 공원, 유원지관리운영체계를 바로세우지 않았거나 관리분담을 제대로 하지 않아 공원, 유원지의 관리운영에 지장을 주었을 경우
6. 공원, 유원지시설관리를 바로하지 않아 시설을 못쓰게 만들었을 경우
7. 공원, 유원지의 원림관리를 바로하지 않아 원림의 원상유지에 지장을 주었을 경우
8. 승인없이 공원, 유원지의 나무를 벤 경우

---

1 승용차를 제외한 트럭, 트랙터, 기중기, 지게차 등 산업용 차량을 말한다.

9. 공원, 유원지의 보수를 제때에 하지 않아 운영에 지장을 주었을 경우
10. 승인없이 공원, 유원지에서 공사를 하거나 봉사활동을 하였을 경우
11. 공원, 유원지를 정상운영하지 않았을 경우
12. 공원, 유원지의 자연환경을 파괴하였을 경우
13. 오물처리시설을 제대로 갖추어놓지 않았거나 오물을 제때에 처리하지 않았을 경우
14. 안정성이 담보되지 않은 운동시설, 유희 및 오락시설, 물놀이시설을 운영하여 사고를 일으켰을 경우 (2014년 3월 5일 신설)
15. 의료조건을 갖추지 않고 해당 운동시설, 유희 및 오락시설, 물놀이시설을 운영하였을 경우 (2014년 3월 5일 신설)
16. 의료조건보장을 제대로 하지 않았거나 사고발생시 제때에 의료대책을 세우지 못하였을 경우 (2014년 3월 5일 신설)
17. 이 법 제44조의 요구를 어겼을 경우 (2013년 구법 47조 1항 14호와 동일)

제48조(형사적책임)

이 법 제47조의 행위가 범죄에 이를 경우에는 기관, 기업소, 단체의 책임있는 일군과 개별적공민에게 형법의 해당 조문에 따라 형사적책임을 지운다.

조선민주주의인민공화국 원림법

주체99(2010)년 11월 25일 최고인민회의 상임위원회 정령 제1214호로 채택
주체102(2013)년 7월 24일 최고인민회의 상임위원회 정령 제3292호로 수정보충

제1장 원림법의 기본

제1조(원림법의 사명)

조선민주주의인민공화국 원림법은 원림의 조성과 관리에서 제도와 질서를 엄격히 세워 도시와 마을을 아름답게 꾸리고 위생문화적인 생활환경을 마련하는데 이바지한다.

제2조(원림의 정의)

원림은 사람들의 문화정서생활과 환경보호의 요구에 맞게 여러 가지 식물로 아름답고 위생문화적으로 꾸려놓은 록화지역이다.

원림에는 공원, 유원지, 도로와 건물주변의 록지, 도시풍치림, 환경보호림, 동식물원, 온실, 양묘장, 화포전 같은 것이 속한다.

제3조(원림계획의 작성, 실행원칙)

원림계획을 바로 세우는 것은 도시원림화정책의 중요요구이다.

국가는 전국의 도시와 마을을 수림화, 원림화하기 위한 원림계획을 바로세우고 정확히 실행하도록 한다.

제4조(전인민적인 원림조성 및 보호관리원칙)
원림조성과 보호관리사업은 전인민적인 사업이다.
국가는 인민들 속에서 사회주의 애국주의 교양을 강화하여 그들의 원림조성과 보호관리사업에 주인답게 참가하도록 한다.
제5조(원림부문의 투자를 늘일 때 대한 원칙)
국가는 원림부문의 사업체계를 바로세우고 이 부문에 대한 투자를 계통적으로 늘이도록 한다.
제6조(기술자, 기능공양성 및 과학연구사업 강화원칙)
국가는 원림부문에 필요한 기술자, 기능공들은 계획적으로 양성하고 과학연구사업을 강화하며 앞선 과학기술성과를 원림부문에 적극 받아들이도록 한다.
제7조(교류와 협조원칙)
국가는 원림부문에서 다른 나라, 국제기구들과의 교류와 협조를 발전시킨다.

제2장 원림의 조성

제8조(원림조성의 기본요구)
원림조성은 승인된 원림계획에 따라 한다.
각급 인민위원회와 도시경영기관, 해당 기관, 기업소, 단체는 원림계획을 어김없이 실행하여야 한다.
제9조(원림계획작성기준)
국가의 도시건설정책은 원림계획작성이 기준이다.
원림계획작성기관은 도시건설정책에 기초하여 원림계획을 작성하여야 한다.
제10조(원림계획의 구분)
원림계획은 총계획과 그에 따르는 세부계획, 구획계획으로 나눈다.
원림총계획은 도시 및 마을건설 총계획 또는 부문별건설 총계획에 따라 작성한다.
세부계획은 원림총계획에 따라, 구획계획은 세부계획에 따라 작성한다.
제11조(원림총계획과 세부계획의 작성기관)
원림총계획은 도시계획설계기관이 작성한다.
원림총계획의 실행을 위한 세부계획, 구획계획은 해당 도시경영설계기관이 작성한다.
제12조(원림계획작성에서 지켜야 할 요구)
원림계획작성에서 지켜야 할 요구는 다음과 같다.
1. 공원, 유원지, 정원, 걸음길 록지를 합리적으로 배치하여야 한다.
2. 자연지리적조건과 기후풍토를 고려하여야 한다.
3. 거리형성에 맞게 가로수와 록지, 꽃밭을 배치하여야 한다.
4. 도시환경보호의 요구를 원만히 보장할 수 있게 하여야 한다.
5. 문화정서생활에 대한 주민들의 수요를 보장할 수 있게 하여야 한다.
제13조(원림총계획과 세부계획의 승인)
평양시와 도소재지의 원림총계획은 내각이 승인하며 시, 군 원림총계획은 중앙도시경영지도기관이 승인한다.

제14조(도시와 마을의 원림조성)

각급 인민위원회와 도시경영기관은 도시와 마을에 공원, 유원지를 잘 꾸리며 살림집 구획안에 록지를 규모있게 조성하여야 한다.

공원과 유원지에는 수종이 좋은 나무를 심고 생울타리, 잔디밭, 꽃밭 같은 것을 조성하며 그와 어울리게 여러 가지 체육시설 · 문화오락시설 · 봉사시설을 갖추어야 한다.

제15조(기관, 기업소, 단체의 원림조성)

기관, 기업소, 단체는 건물과 시설물에 덩굴식물 같은 것을 심어 록화면적을 늘이며, 유해가스와 먼지, 소음이 많이 나는 산업지구와 공장, 기업소주변에는 환경보호림, 소음막이림을 조성하여야 한다.

제16조(탁아소, 유치원, 학교, 병원, 정휴양소구내의 원림조성)

탁아소, 유치원, 학교, 병원, 휴양소, 료양소, 정양소 구내와 그 주변에는 어린이들과 근로자들의 교육과 문화휴식, 건강증진에 좋은 나무를 많이 심어 록음이 우거지게 하며 여러 가지 꽃나무와 약초도 심어야 한다.

제17조(강하천, 철길주변의 원림조성)

각급 인민위원회와 도시경영기관, 해당 기관, 기업소, 단체는 도시안의 강하천기슭, 철길주변에 환경보호와 재해방지역할을 하는 풍치림을 조성하며 경사가 급한 곳에는 토양침식방지를 위한 지피식물을 심어야 한다.

제18조(건설대상의 원림조성)

대상건설을 진행하는 기관, 기업소, 단체는 건설이 끝나면 구획정리단계에서 원림조성을 원림계획대로 하여야 한다.

원림조성을 하지 않은 건설대상에 대한 준공검사는 할 수 없다.

제19조(원림식물의 사름률[2] 보장)

원림을 조성하는 기관, 기업소, 단체는 원림식물을 심은 날부터 6개월까지 그 사름률을 보증하여야 한다.

사름률 보증기간에 죽은 원림식물에 대하여서는 원림을 조성한 기관, 기업소, 단체가 책임진다.

제20조(원림관리구역 안에서의 건물, 시설물 건설)

기관, 기업소, 단체는 원림관리구역안에 건물, 시설물, 구조물을 건설할 경우 자연풍치와 지형지물에 어울리게 배치하여야 한다.

제21조(나무모와 꽃모, 지피식물의 생산보장)

도시경영기관은 채종장, 양묘장, 화포전, 온실 같은 것을 잘 꾸리고 원림조성에 필요한 나무모와 꽃모, 잔디, 지피식물을 제때에 생산 보장하여야 한다.

각급 인민위원회와 해당 기관은 나무모와 꽃모, 꽃종자, 잔디는 생산하는데 필요한 토지를 보장해주어야 한다.

제22조(동물원, 식물원의 공원화)

각급 인민위원회와 도시경양기관은 지방의 특성에 맞게 동물원과 식물원을 현대적

---

2 '활착률(活着率, 옮겨 심거나 접목한 식물이 제대로 산 비율)'의 북한말.

으로 꾸리고 공원화하여 동물원과 식물원이 동식물자원에 대한 지식을 넓혀주는 교양기지, 문화휴식장소로 되게 하여야 한다.

제3장 원림의 관리

제23조(원림관리구역의 분담)

각급 인민위원회와 도시경영기관은 원림관리기업소의 전문관리와 기관, 기업소, 단체의 군중관리를 옳게 배합할 수 있게 m^2당 관리제의 원림관리구역을 바로 정해주어야 한다.

(2010년 구법 제23조(원림관리의 기본요구) 1항 원림의 관리는 도로주변, 살림집지구, 공공장소 같은 곳의 풍치를 아름답게 꾸리고 보호하기 위한 중요한 사업이다.)

각급 인민위원회와 도시경영기관, 해당 기관, 기업소, 단체는 원림관리체계를 바로 세우고 도시와 마을을 더욱 아름답고 위생문화적으로 꾸려나가야 한다.

제24조(원림관리구역의 분담)

각급 인민위원회와 도시경영기관은 원림관리기업소의 전문관리와 기관, 기업소, 단체의 군중관리를 옳게 배합할 수 있게 원림관리구역을 정해주어야 한다.

기관, 기업소, 단체는 분담 받은 원림에 대한 관리를 책임적으로 하여야 한다.

제25조(원림의 등록)

도시경영기관과 해당 기관, 기업소, 단체는 분담 받은 원림관리구역안의 원림과 원림관리시설을 등록대장에 빠짐없이 등록하여야 한다.

제26조(원림의 정상관리)

도시경영기관과 해당기관, 기업소, 단체는 원림관리구역안의 록지와 나무에 대한 물주기, 김매기, 모양만들기 같은 원림관리사업을 정상적으로 하여야 한다.

제27조(병충해의 방지)

도시경영기관과 과학연구기관, 해당기관, 기업소, 단체는 원림병해충을 없애기 위한 효능높은 농약과 생물학적 방법, 현대적인 기술장비 같은 것을 연구 도입하여 병해충의 피해를 미리 막으며 원림관리구역에 대한 병해충 예찰체계를 세워 발생한 병해충을 제때에 없애야 한다.

제28조(원림의 보호)

도시경영기관과 해당 기관, 기업소, 단체는 자연재해로부터 원림을 보호하기 위한 대책을 철저히 세워야 한다.

원림관리구역안의 나무를 찍거나 수종을 바꾸려 할 경우, 록지구역을 다른 용도로 리용하려 할 경우에는 해당 기관의 승인을 받아야 한다.

(2010년 구법 제28조 2항 원림관리구역안의 나무를 찍거나 수종을 바꾸려 할 경우, 록지구역을 다른 용도로 리용하려 할 경우에는 해당 기관의 승인을 받는다.)

제29조(공원, 유원지에서의 봉사활동)

해당 기관, 기업소, 단체는 공원, 유원지안에서 여러 가지 봉사활동을 할 수 있다. 이 경우 정해진 기관의 승인을 받아야 한다.

제30조(원림관리구역안에서의 금지사항)

원림관리구역안에서는 승인없이 다음의 행위를 할 수 없다.

1. 건물, 시설물을 건설하는 행위
2. 나무를 베거나 수종을 바꾸거나 나뭇가지, 꽃을 꺾는 행위
3. 나무와 잔디를 뜨거나 열매, 종자를 따는 행위
4. 관상용동식물을 잡거나 채집하는 행위
5. 록지를 못쓰게 만드는 행위
6. 원림관리시설물을 손상을 주는 행위
7. 농작물을 심는 행위

제 4장 원림부문사업에 대한 지도통제

제31조(원림부문사업에 대한 지도통제의 기본요구)

원림부문사업에 대한 지도와 통제를 강화하는 것은 국가의 도시경영정책을 정확히 집행하기 위한 중요방도이다.

국가는 원림부문사업에 대한 지도체계를 바로 세우고 통제를 강화하도록 한다.

제32조(원림부문사업에 대한 지도)

원림부문사업에 대한 지도는 내각의 통일적인 지도 밑에 중앙도시경영지도기관이 한다.

중앙도시경영지도기관은 원림조성과 관리사업에 대하여 정상적으로 장악하고 지도하여야 한다.

제33조(원림조성과 관리조건의 보장)

국가계호기기관과 로동행정기관, 재정기관, 해당 기관은 원림조성과 관리에 필요한 로력, 설비, 자재, 자금, 비료, 농약을 보장하여야 한다.

제34조(원림부문사업에 대한 감독통제)

원림부문사업에 대한 감독통제는 도시경영기관과 해당 감독 통제기관이 한다.

도시경영기관과 해당 감독 통제기관은 원림법규 준수 정형을 정상적으로 감독 통제하여야 한다.

제35조(원상복구 의무)

원림구역 안에서 공사를 한 기관, 기업소, 단체는 공사가 끝나면 곧 원림구역을 원상태로 복구하여야 한다.

원상복구를 제때에 하지 않았을 경우에는 해당한 손해를 보상시킨다.

제36조(행정적 책임)

다음의 경우에는 기관, 기업소, 단체의 책임있는 일군과 개별적 공민에게 정상에 따라 해당한 행정 처벌을 준다.

1. 원림계획을 바로 작성하지 않아 도시와 마을을 수림화, 원림화하기 위한 사업에 지장을 주었을 경우
2. 원림계획을 정확히 실행하지 않았을 경우
3. 원림조성을 되는대로 하여 원림식물의 사름률을 보장하지 못하고 손해를 주었을 경우
4. 원림조성에 필요한 나무모와 꽃모, 잔디, 지피식물을 제때에 생산, 보장하지 못하

여 원림 조성사업에 지장을 주었을 경우
5. 분담 받은 구역에 대한 원림관리를 바로하지 않아 원림을 못 쓰게 만들었을 경우
6. 병해충피해를 막기 위한 사업을 바로하지 않아 원림에 피해를 주었을 경우
7. 이 법 제30조의 금지사항을 어기였을 경우

제37조(형사적 책임)

이 법 제36조의 행위가 범죄에 이를 경우에는 형사적 책임을 지운다.

평양시의 천연기념물

지정번호	명칭	장소	구분[3]
1	릉라도의 산벗나무와 전나무	중구역 경상동 릉라도	식물
2	옥류능수버들	중구역 경상동 옥류관 부근	〃
3	청류벽회화나무	중구역 경상동 청류벽	〃
4	릉라도수양버들	중구역 릉라도	〃
5	중구역화석림[4]	중구역 중성동	지질
6	보통강뽀뿌라나무	보통강구역 보통강 2동	식물
8	문수봉이깔나무	동대원구역 랭천1동 문수봉	〃
9	덕동대추나무	사동구역 덕동리	〃
10	대성산수삼나무	대성구역 대성동 중앙식물원	〃
11	대성산목란	대성구역 대성동 대성산	〃
12	대성산미선나무	대성구역 대성동 중앙식물원	〃
13	대성산두층나무	대성구역 대성동 중앙식물원	〃
14	대성산향오동나무	대성구역 대성동 중앙식물원	〃
15	대성산참등	대성구역 대성동 중앙식물원	〃
16	대성산뚝향나무	대성구역 대성동 중앙식물원	〃
17	대성산중생대화석	대성구역 대성동 대성산유원지	지질
18	만경대백양나무	만경대구역 만경대고향집	식물
19	룡악산느티나무	만경대구역 룡악산의 법운암	〃
20	룡악산참중나무	만경대구역 룡악산의 법운암	〃
21	룡악산향오동나무	만경대구역 룡봉리 룡악산 룡곡서원	〃
22	룡악산회화나무	만경대구역 룡악산 법운암	〃
23	서평양습곡	형제산구역 중당동	지질
24	호남리자라살이터[5]	삼석구역 호남리 대동강기슭	동물
25	룡산리소나무무리	력포구역 룡산리 동명왕릉 주변	식물
26	상원들메나무	상원군 대동리	〃
27	대동리향나무	상원군 대동리	〃
28	고령산평탄면[6]	상원군 은구리 고령산	지리
29	룡산리해조류화석	중화군 룡산리	지질

3 북한에서는 천연기념물을 동물, 식물, 지리, 지질로 구분한다. 우리나라에서는 동물, 식물, 지질, 지형, 천연보호구역으로 구분한다.

4 '화석림'은 '나무화석', '규화목'을 말한다. 북한에서는 '돌나무'라고도 한다.

5 '살이터'는 '서식지'를 의미한다. 대동강변에 있는 자라의 서식지이다. 우리나라에서는 파충류의 서식지를 천연기념물로 지정한 사례가 없어 눈여겨볼 만하다.

지정번호	명칭	장소	구분[3]
45	강동참나무	강동군 향목리	식물
395	모란봉 전나무와 잣나무	중구역 경상동 모란봉	〃

북한의 명절

명칭	구분	
	국가명절	민족명절
설날		1월 1일
음력설날		1월 1일(음력)
김정일 생일	2월 16일	
국제부녀절	3월 8일	
한식		4월 6일
김일성 생일	4월 15일	
국제노동자절	5월 1일	
단오		5월 5일(음력)
조국해방전쟁승리기념일	7월 27일	
해방기념일	8월 15일	
추석		8월 15일(음력)
정권창건일	9월 9일	
노동당창건일	10월 10일	
헌법절	12월 27일	

북한의 기념일

행사명	일자	행사명	일자
기계절	2월 20일	임업근로자절	8월 10일
농업근로자절	2월 5일	공군절	8월 20일
식수절	3월 2일	청년절	8월 28일
어부절	3월 22일	도시경영절	9월 5일
보건절	4월 5일	교육절	9월 5일
조선인민군절	4월 25일	상업절	9월 15일
철도절	5월 11일	금속노동자절	10월 9일
지질탐사절	5월 15일	방송절	10월 14일
건설자절	5월 21일	체육절	10월 둘째 일요일
국제아동절	6월 1일	방직공업절	10월 15일
조선소년단 창단일	6월 6일	출판절	11월 1일
지방공업절	6월 7일	육해운절	11월 16일
광부절	7월 1일	화학공업절	12월 6일
탄부절	7월 7일	군수공업절	12월 12일
총 기념일수		29일	

6 '평탄면'은 침식에 의해 조성된 평탄화된 지표면으로 넓은 면적의 완경사면을 이룬다.